67WS

Adobe AUTHORIZED Training Center

デザインの学校 これからはじめる

Illustrator & Photoshopの本

［2021年最新版］

技術評論社

本書の特徴

- 最初から通して読むことで、Illustrator と Photoshop の体系的な知識・操作が身につきます。
- 各章で制作したパーツを使い、最後の章でレイアウトして 1 つの作品に仕上げることができます。
- 練習ファイルを使って部分的に学習することもできます。

本書の使い方

本文は、1、2、3…の順番に手順が並んでいます。この順番で操作を行ってください。
それぞれの手順には、❶、❷、❸…のように、数字が入っています。
この数字は、操作画面内にも対応する数字があり、操作を行う場所と、操作内容を示しています。

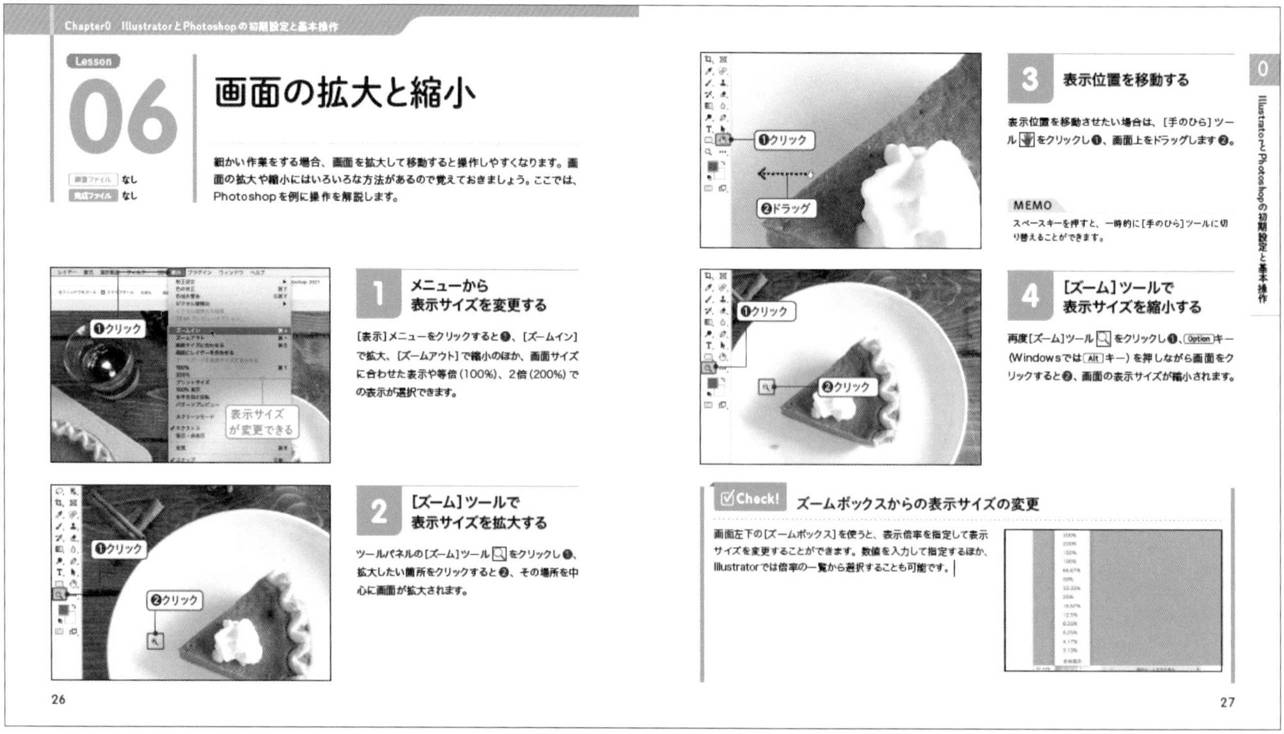
Chapter0　Illustrator と Photoshop の初期設定と基本操作

Lesson 06

画面の拡大と縮小

練習ファイル なし
完成ファイル なし

細かい作業をする場合、画面を拡大して移動すると操作しやすくなります。画面の拡大や縮小にはいろいろな方法があるので覚えておきましょう。ここでは、Photoshop を例に操作を解説します。

1 メニューから表示サイズを変更する

[表示] メニューをクリックすると❶、[ズームイン] で拡大、[ズームアウト] で縮小のほか、画面サイズに合わせた表示や等倍 (100%)、2倍 (200%) での表示が選択できます。

2 [ズーム] ツールで表示サイズを拡大する

ツールパネルの [ズーム] ツール をクリックし❶、拡大したい箇所をクリックすると❷、その場所を中心に画面が拡大されます。

3 表示位置を移動する

表示位置を移動させたい場合は、[手のひら] ツール をクリックし❶、画面上をドラッグします❷。

MEMO

スペースキーを押すと、一時的に [手のひら] ツールに切り替えることができます。

4 [ズーム] ツールで表示サイズを縮小する

再度 [ズーム] ツール をクリックし❶、Option キー (Windows では Alt キー) を押しながら画面をクリックすると❷、画面の表示サイズが縮小されます。

Check! ズームボックスからの表示サイズの変更

画面左下の [ズームボックス] を使うと、表示倍率を指定して表示サイズを変更することができます。数値を入力して指定するほか、Illustrator では倍率の一覧から選択することも可能です。

26　27

0 Illustrator と Photoshop の初期設定と基本操作

Visual Index

具体的な操作を行う各章の頭には、その章で学習する内容を視覚的に把握できるインデックスがあります。
このインデックスから、自分のやりたい操作を探し、表示のページに移動すると便利です。

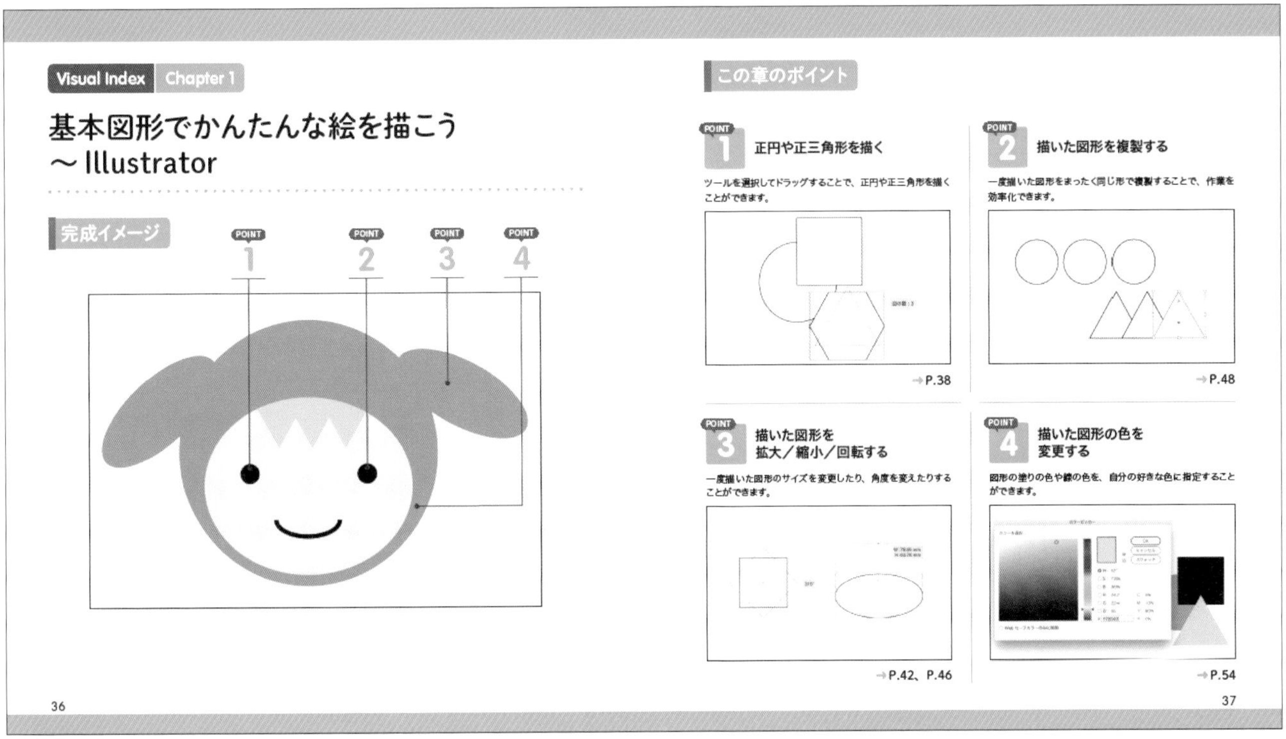

Visual Index Chapter 1

基本図形でかんたんな絵を描こう
～Illustrator

完成イメージ

POINT 1 POINT 2 POINT 3 POINT 4

この章のポイント

POINT 1 正円や正三角形を描く

ツールを選択してドラッグすることで、正円や正三角形を描くことができます。

→P.38

POINT 2 描いた図形を複製する

一度描いた図形をまったく同じ形で複製することで、作業を効率化できます。

→P.48

POINT 3 描いた図形を拡大／縮小／回転する

一度描いた図形のサイズを変更したり、角度を変えたりすることができます。

→P.42、P.46

POINT 4 描いた図形の色を変更する

図形の塗りの色や線の色を、自分の好きな色に指定することができます。

→P.54

36 37

◆免責

本書に記載された内容は、情報の提供のみを目的としています。したがって、本書を用いた運用は、必ずお客様自身の責任と判断によって行ってください。これらの情報の運用の結果、いかなる障害が発生しても、技術評論社および著者はいかなる責任も負いません。また、ソフトウェアに関する記述は、特に断りのない限り、2021年4月現在のWindows／Mac用の最新バージョン（Illustrator v25.2.1、Photoshop v22.3）を元にしています。ソフトウェアはバージョンアップされる場合があり、本書での説明とは機能内容や画面図などが異なってしまうこともあり得ます。本書ご購入の前に、必ずバージョンをご確認ください。また、ソフトウェアは必ずご自分でご用意ください。

以上の注意事項をご承諾いただいた上で、本書をご利用願います。これらの注意事項に関わる理由に基づく、返金、返本を含む、あらゆる対処を、技術評論社および著者は行いません。あらかじめ、ご承知おきください。

◆商標

Contents

本書の特徴 …… 2
練習ファイルの利用 …… 10

Chapter 0 IllustratorとPhotoshopの初期設定と基本操作 …… 11

Visual Index …… 12
01 アプリケーションの起動 …… 14
02 新規ドキュメントの作成 …… 16
03 作業環境の初期設定 …… 20
04 ツールパネルの基本操作 …… 22
05 パネルの基本操作 …… 24
06 画面の拡大と縮小 …… 26
07 操作の取り消しと画面の初期化 …… 28
08 ファイルの保存 …… 30

Chapter 1 基本図形でかんたんな絵を描こう ～ Illustrator …… 35

Visual Index …… 36
01 正円を描こう …… 38
02 楕円を描こう …… 40
03 描いた図形を拡大／縮小しよう …… 42
04 正三角形を描こう …… 44
05 図形を回転しよう …… 46
06 図形を複製しよう …… 48
07 図形の一部だけを消そう …… 50
08 図形を合体して不要な部分を消そう …… 52
09 図形に色を塗ったり線の太さを変えたりしよう …… 54

Chapter 2 下絵をなぞって線画を描こう ～ Illustrator …… 59

Visual Index …… 60
01 下絵の写真を用意しよう …… 62
02 下絵に線画を描くためのレイヤーを追加しよう …… 64
03 [鉛筆] ツールの設定を変更しよう …… 66
04 描く線の太さや角の形を変更しよう …… 68
05 下絵をなぞって線画を描こう …… 70

Chapter 3 線画に色を塗ろう ～Illustrator 73

Visual Index 74
01 利用する配色テーマを準備しよう 76
02 ［ライブペイント］ツールを使って線画に色を塗ろう 78
03 はみ出した線を削除しよう 82
04 完成したイラストを［CCライブラリ］に登録しよう 84

Chapter 4 ロゴタイプを作ろう ～Illustrator 87

Visual Index 88
01 文字を入力しよう 90
02 入力した文字のサイズを変更しよう 92
03 入力した文字のフォントを変更しよう 94
04 文字を図形に変換してロゴタイプにしよう 98

Chapter
5 ロゴタイプに添えるマークを作ろう ～Illustrator

ロゴタイプに添えるマークを作ろう ～Illustrator ……… 101

Visual Index ……… 102
01 2つの図形を整列させよう ……… 104
02 前の図形で後ろの図形を型抜きしよう ……… 108
03 すべての図形をグループ化しよう ……… 112
04 グループ化した図形を変形しよう ……… 114

Chapter
6 写真を編集しよう ～Photoshop

写真を編集しよう ～Photoshop ……… 117

Visual Index ……… 118
01 写真の不要な部分を消去しよう ……… 120
02 写真の色味を修整しよう ……… 124
03 写真の一部分を選択して保存しよう ……… 128
04 写真の一部分の明るさを修整しよう ……… 132

Chapter 7

写真を加工しよう ～Photoshop

写真を加工しよう ～Photoshop 137

Visual Index 138

01 写真の足りない背景を補おう 140

02 写真の一部分をコピーしよう 142

03 写真の一部分を逆向きにしよう 144

04 写真内の影を消去しよう 148

05 完成した写真を［CCライブラリ］に登録しよう 150

Chapter 8

写真を切り抜いて合成しよう ～Photoshop

写真を切り抜いて合成しよう ～Photoshop 153

Visual Index 154

01 AI（Adobe Sensei）を活用した機能で人物の表情を変えよう 156

02 切り抜く範囲を自動で細かく選択しよう 160

03 細かい部分をきれいに切り抜こう 162

04 切り抜いた画像を別の写真に合成しよう 166

05 レイヤーを色で塗りつぶそう 168

06 写真内の特定の部分の色を変えよう 170

Chapter 9

制作したパーツをレイアウトしよう ～Illustrator&Photoshop

制作したパーツをレイアウトしよう ～Illustrator&Photoshop …… 173

Visual Index …… 174

01 A4サイズのレイアウト枠を作ろう …… 176

02 レイアウト枠内にガイドを作成しよう …… 178

03 [ブラシ] ツールで模様を描こう …… 180

04 模様からパターンを作成しよう …… 182

05 作成したパターンで背景を塗りつぶそう …… 184

06 メインの写真を配置しよう …… 186

07 サブの写真を入れる枠を作成しよう …… 188

08 サブの写真を枠内に収まるように配置しよう …… 192

09 ロゴマークとイラストを配置しよう …… 196

10 テキストを配置しよう …… 198

11 完成したメニューを画像ファイルで書き出そう …… 202

索引 …… 204

練習ファイルの利用

練習ファイルについて

本書で使用する練習ファイルは、以下の URL のサポートサイトからダウンロードすることができます。練習ファイルは各章ごとにフォルダで圧縮されているので、ダウンロード後はデスクトップ画面にフォルダを展開してからご使用ください。

https://gihyo.jp/book/2021/978-4-297-12080-1/support

各章ごとのフォルダには、各節で使用する練習用のファイルが入っています。それぞれのファイル名の末尾には、各節の最初の状態の練習ファイルの場合は「a」、最後の状態の完成ファイルの場合は「b」の文字がついています。そのほか、各章で使用する写真などの素材ファイルが含まれている場合があります。
なお、ファイルを開く際にフォントがない旨のアラートが出る場合は、自分のマシン環境にインストールされているフォントに置き換えてください。また、第 9 章のサンプルファイルは、[CC ライブラリ] へのリンクを解除しているのでご注意ください。

練習ファイルのダウンロード

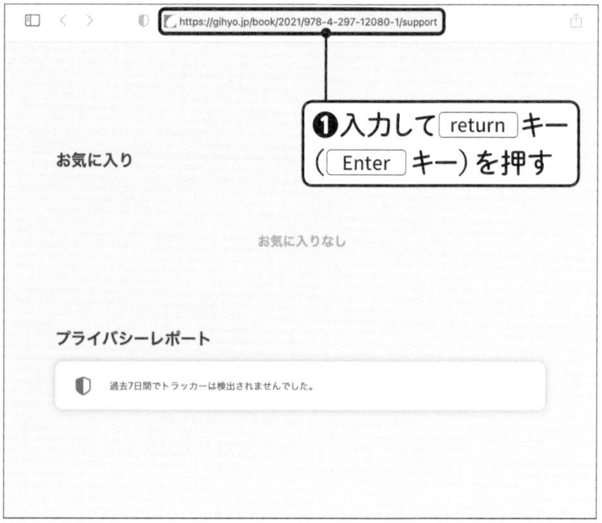

1 Web ブラウザを起動し、上記サポートサイトの URL を入力して return キー（Windows では Enter キー）を押します❶。

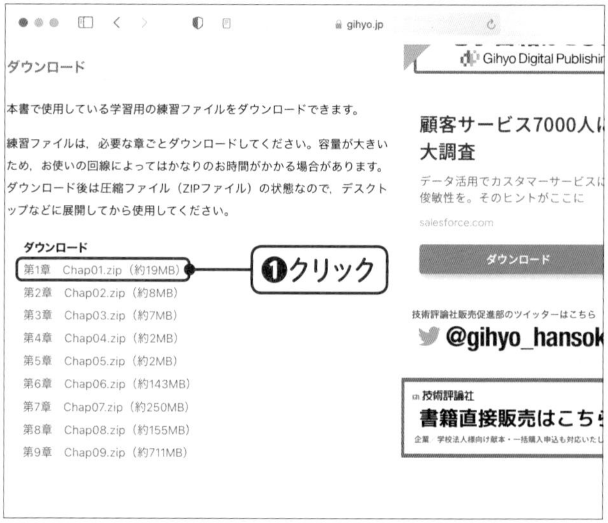

2 表示された画面をスクロールし、ダウンロードしたいファイルをクリックすると❶、ダウンロードが行われます。

Chapter

0

IllustratorとPhotoshopの初期設定と基本操作

制作を始める前に、IllustratorとPhotoshopにおける新規ドキュメントの作成や基本的な操作方法、作業環境の設定について学んでおきましょう。本書の学習に合わせた初期設定もあるので、必ず一通り確認してください。

Visual Index　Chapter 0

IllustratorとPhotoshopの初期設定と基本操作

Illustratorの画面構成

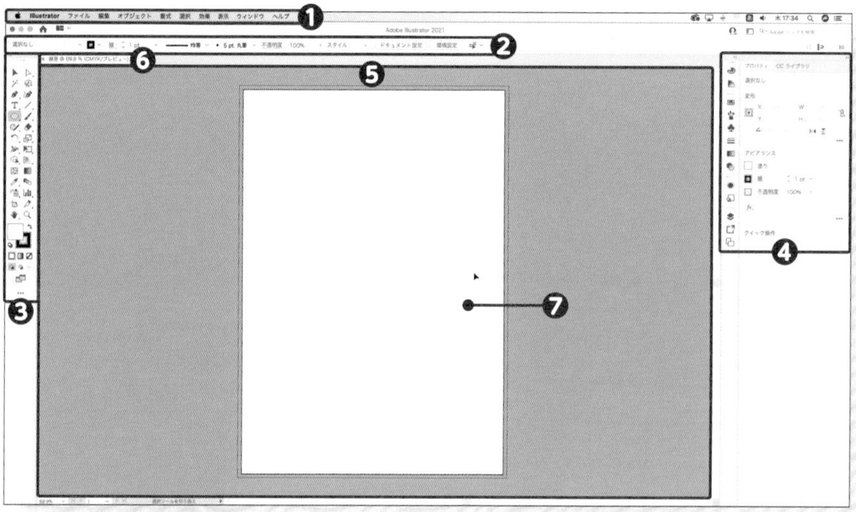

Photoshopの画面構成

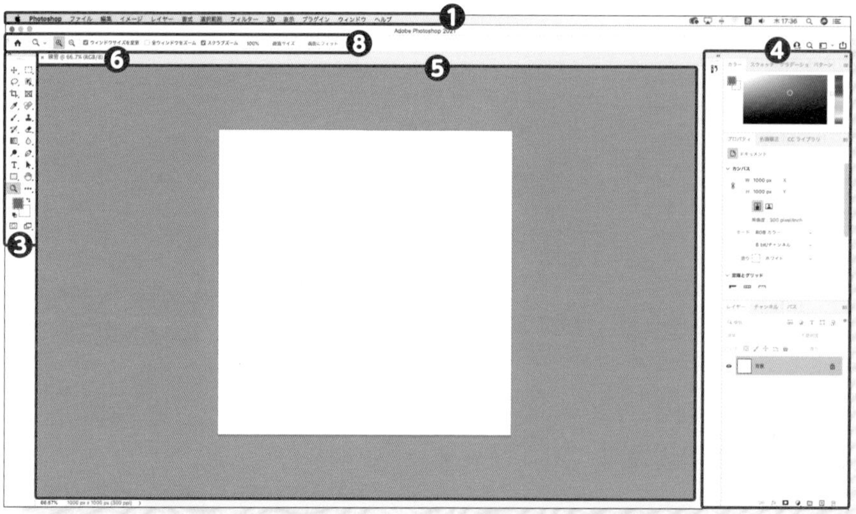

❶メニュー

作業別に分けられた各項目のメニューです。Windows版とMac版とでは、表示の一部が異なります。図はMac版での表示です。

❷コントロールパネル

Illustratorで選択するオブジェクトやツールに合わせて、設定できるオプションが表示されます。「初期設定(クラシック)」のワークスペースを選択すると表示されます。

❸ツールパネル

イラストや画像の描画・加工に使うツール類がグループごとに格納されています。使いたいツールをクリックすると、そのツールを使うことができます。右下に◢のついたツールを長押しすると、隠れているツールが表示され選択できます。なお、本書ではツールパネルを2列に表示した状態で作業を行います。

❹パネル

Illustratorではイラストの色や線の太さなどの変更、Photoshopではレイヤーの管理や色調補正・描画色の変更といった、各種設定に必要なパネルがグループごとに格納されています。パネルは、配置場所を移動したり、展開もしくはアイコン化したりして使いやすく表示することができます。

❺ドキュメントウィンドウ

イラストや画像を表示するウインドウです。作業に合わせて拡大したり縮小したりすることもできます。

❻タブ

ドキュメントのファイル名を表示します。複数のドキュメントを開いているときは、タブをクリックして表示するドキュメントを切り替えることができます。

❼アートボード

Illustratorでの印刷可能な領域です。オブジェクトを配置して、イラストやロゴなどを作成します。Photoshopでも、データの作り方によってアートボードを利用することが可能です。

❽オプションバー

Photoshopで選択するオブジェクトやツールに合わせて、設定できるオプションが表示されます。

Lesson

01 アプリケーションの起動

練習ファイル なし
完成ファイル なし

IllustratorとPhotoshopの起動方法を紹介します。ここでは、Illustratorを例に手順を解説しますが、Photoshopでも同様の操作で行えます。

Windowsの場合

1 スタートボタンをクリックする

［スタート］ボタンをクリックし❶、スタートメニューのアプリケーションの一覧からIllustratorのアイコンをクリックします❷。

MEMO

Photoshopの場合は、同様にしてアプリケーションの一覧からPhotoshopのアイコンをクリックします。

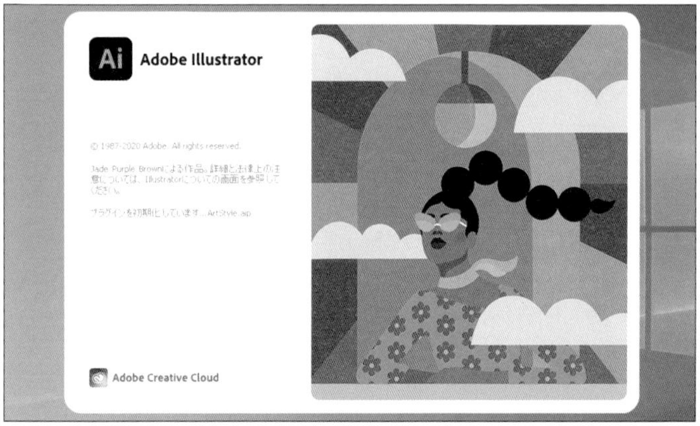

2 アプリケーションが起動する

スプラッシュスクリーンが表示され、しばらくするとIllustratorが起動します。

MEMO

アプリケーションを終了する場合は、［ファイル］メニュー→［終了］の順にクリックします。

Macの場合

1 Launchpadを開く

DockのLaunchpadのアイコンをクリックし❶、Illustratorのアイコンをクリックします❷。

MEMO

Photoshopも同様の手順で起動できます。

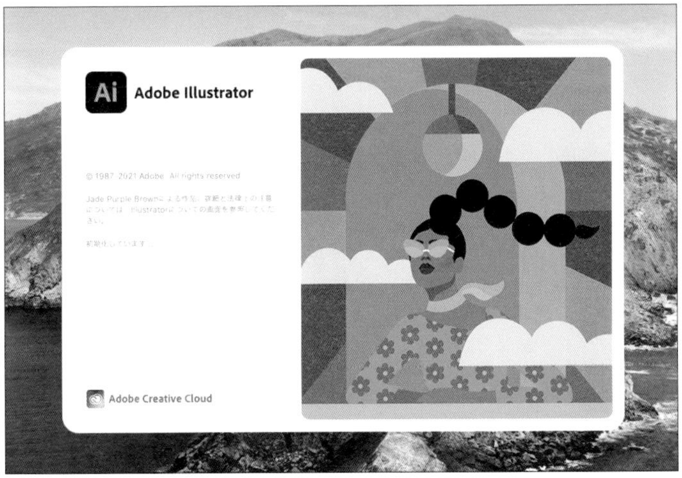

2 アプリケーションが起動する

スプラッシュスクリーンが表示され、しばらくするとIllustratorが起動します。

MEMO

アプリケーションを終了する場合は、[Illustrator]メニュー→[Illustratorを終了](Photoshopの場合は[Photoshop]メニュー→[Photoshopを終了])の順にクリックします。

Check! 起動後に表示される画面

IllustratorやPhotoshopを起動したあとに、ファイルのアクセスに関するダイアログボックスが表示された場合は[OK]ボタンをクリックします。また、新機能に関する画面が表示された場合は、[次へ]ボタンをクリックして新機能を確認するか、[×]ボタンをクリックしてウィンドウを閉じてください。

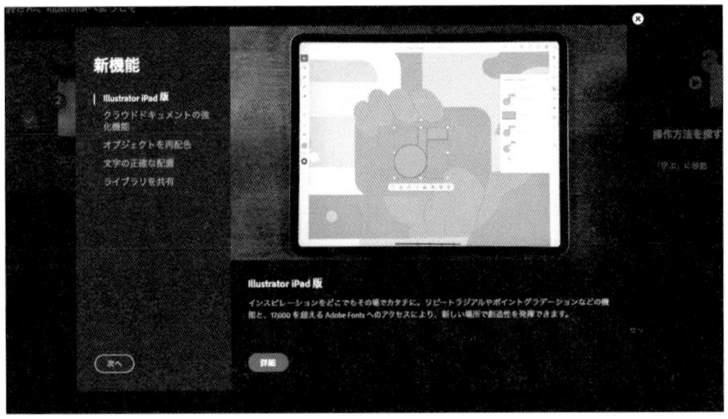

Lesson 02

新規ドキュメントの作成

練習ファイル　なし
完成ファイル　なし

Illustrator と Photoshop では、先に新規ドキュメントを作成しておくと、作業環境の細かな設定がしやすくなります。まずは、ドキュメントの作成方法について見ていきましょう。

Illustrator の場合

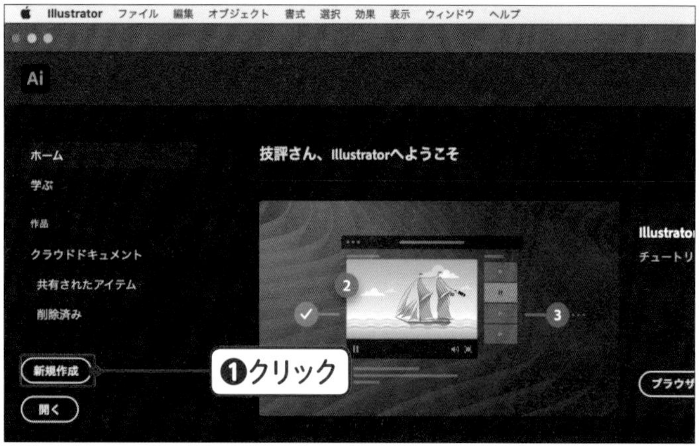

1 [新規作成] ボタンをクリックする

Illustrator 起動後に表示されるホーム画面で [新規作成] ボタンをクリックします❶。

2 [印刷] をクリックする

[新規ドキュメント] ダイアログボックスが表示されました。ここで、利用用途に応じてドキュメントの設定をしていきます。ここでは、[印刷] タブをクリックします❶。

3 [A4] をクリックする

[印刷] タブの内容が表示されました。よく利用されるサイズがあらかじめ設定されているので、ここでは、[A4] をクリックします❶。

4 ドキュメントに名前を付けて作成する

右側の [プリセットの詳細] 欄に、A4サイズのドキュメントに関する情報が表示されました。[名称未設定-1] と表示されている欄の文字をすべて消して「練習」と入力し❶、右下の [作成] ボタンをクリックします❷。

MEMO

そのほかにも、[方向] でドキュメントの縦横の向き、[裁ち落とし] で裁ち落としのサイズ、[詳細オプション] でカラーモードや解像度を設定することができます。

5 新規ドキュメントが作成された

ここまでの操作により、印刷用のA4サイズ、縦位置のドキュメントが作成されました。

MEMO

初回操作時、画面に説明用のアニメーションが表示されることがあります。

Photoshopの場合

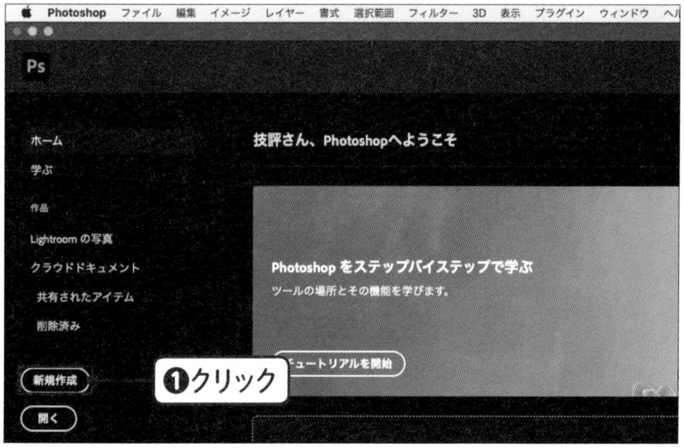

1 [新規作成] ボタンをクリックする

Photoshop起動後に表示されるホーム画面で[新規作成] ボタンをクリックします❶。

2 [アートとイラスト] をクリックする

[新規ドキュメント] ダイアログボックスが表示されました。ここで、利用用途に応じてドキュメントの設定をしていきます。ここでは、[アートとイラスト] タブをクリックします❶。

3 [1000ピクセルグリッド] をクリックする

[アートとイラスト] タブの内容が表示されました。よく利用されるサイズがあらかじめ設定されているので、ここでは[1000ピクセルグリッド] をクリックします❶。

4 ドキュメントに名前を付けて作成する

右側の［プリセットの詳細］欄に、ドキュメントに関する情報が表示されました。［名称未設定1］と表示されている欄の文字をすべて消して「練習」と入力し❶、右下の［作成］ボタンをクリックします❷。

MEMO

そのほかにも、［方向］でドキュメントの縦横の向き、［解像度］で解像度、［カラーモード］でカラーモード、［カンバスカラー］でドキュメントの背景色を設定することができます。

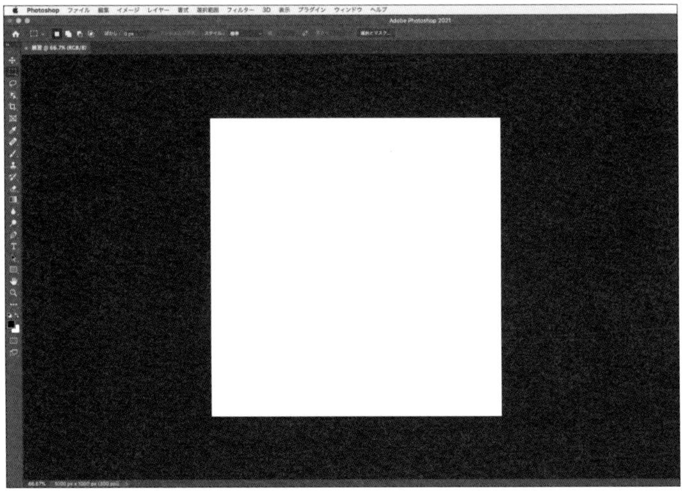

5 新規ドキュメントが作成された

ここまでの操作により、アートやイラストの描画に適したドキュメントが作成されました。

Check! ドキュメントの設定は用途に応じて自由に設定しよう

今回、Illustratorでは［印刷］、Photoshopでは［アートとイラスト］という設定でドキュメントを新規作成しましたが、これは説明のために筆者が指定したものです。操作に慣れてきて自分自身の作品を制作するようになったら、自由なカテゴリやサイズの設定を行ってください。ちなみに、［写真］（Photoshopのみ）ではL版や六切などの写真サイズの設定、［モバイル］ではiPhoneやiPadなどのモバイル向けのサイズ設定、［Web］ではWebブラウザでの表示を想定したWebサイト向けのサイズ設定、［フィルムとビデオ］ではビデオの規格サイズに適した設定が選択できます。

Lesson

03 作業環境の初期設定

練習ファイル　なし
完成ファイル　なし

ここでは、[ワークスペース] と呼ばれる作業環境の初期設定方法を解説します。本書では、初期設定を行い、カラーテーマを変更した状態で解説を行っています。

●Illustratorの場合

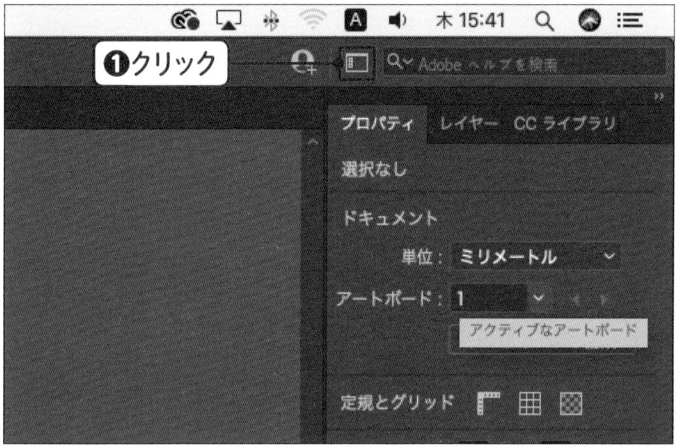

1 [ワークスペースの切り替え] ボタンをクリックする

新規ドキュメント作成後、画面右上の [ワークスペースの切り替え] ボタン をクリックします❶。

2 [初期設定 (クラシック)] を選択する

ドロップダウンメニューの内容が表示されるので、[初期設定 (クラシック)] をクリックします❶。

3 ワークスペースが［初期設定(クラシック)］に設定された

画面上部や右側に表示されるパネルの数が増え、作業環境が切り替わりました。

MEMO

ワークスペースが［初期設定］のままだと、本書で利用するツール類が非表示になっています。本書の内容を学習する場合には必ず［初期設定（クラシック）］を指定してください。

Photoshopの場合

1 ［初期設定］を選択する

Photoshopの場合は、同じく画面右上の［ワークスペースの設定］ボタン をクリックし、［初期設定］をクリックして選択します❶。

Check! インターフェイスのカラーテーマを変更する

IllustratorとPhotoshopでは、インターフェイスのカラーテーマを４段階の明るさ別に設定することが可能です。本書では、以降の解説にて、いちばん右の明るい設定にしているので、以下の表を参考にして設定してください。

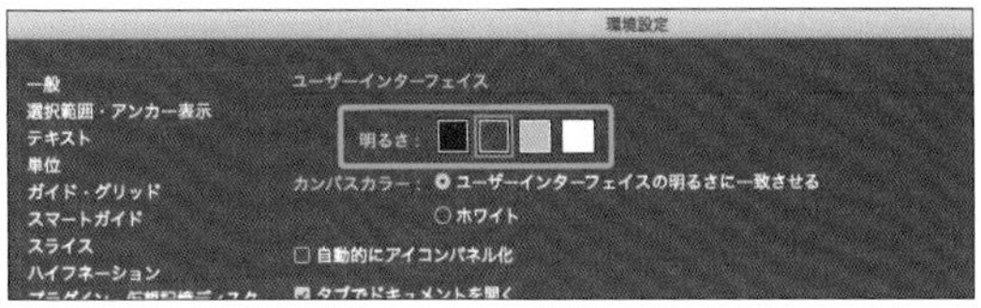

	Illustrator	Photoshop
Mac	［Illustrator］メニュー→［環境設定］→［ユーザーインターフェイス］	［Photoshop］メニュー→［環境設定］→［インターフェイス］
Windows	［編集］メニュー→［環境設定］→［ユーザーインターフェイス］	［編集］メニュー→［環境設定］→［インターフェイス］

Lesson 04

ツールパネルの基本操作

練習ファイル　なし
完成ファイル　なし

ここでは、画面左側にあるツールパネルの操作方法を紹介します。IllustratorとPhotoshopともに一番よく使う操作なので、しっかりと覚えておきましょう。ここでは、Illustratorを例に操作を解説します。

1　ツールパネルを2列にする

ここでは、Illustratorを例に解説します。ツールパネルが1列で表示されている場合は、ツールパネル左上の をクリックして2列にします❶。

MEMO

Photoshopの初期設定では1列になっていますので、忘れずに2列にしてください。

2　[選択] ツールを選択する

ツールパネルのアイコンにカーソルを重ねると、ツール名が表示されます。ここでは、ツールパネル左上の [選択] ツール をクリックします❶。

MEMO

[選択] ツール はIllustratorの基本となるツールです。オブジェクトを選択して移動したり、拡大／縮小したりするなどの、さまざまな操作を行うことができます。

3 [長方形] ツールを長押しする

[選択] ツール が選択されました。続いて、ツールパネルから隠れている [楕円形] ツール を選択してみます。[長方形]ツール を長押しします❶。

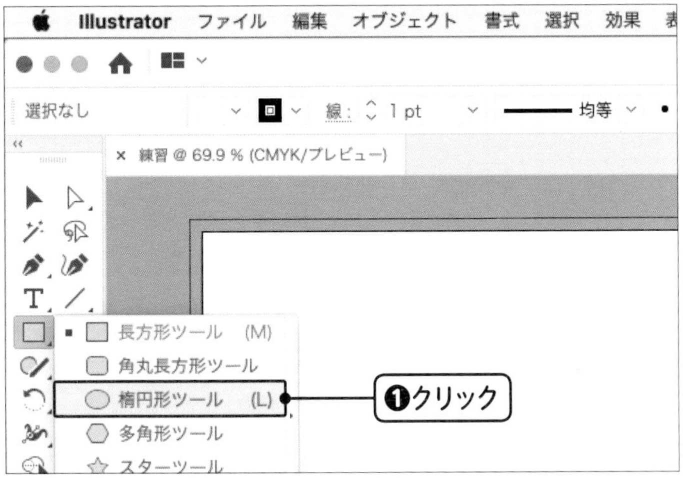

4 [楕円形] ツールを選択する

メニューーが表示されるので、[楕円形] ツール をクリックします❶。

MEMO

[楕円形] ツール を使うと、楕円や正円を描くことができます。詳しくは、P.38を参照してください。

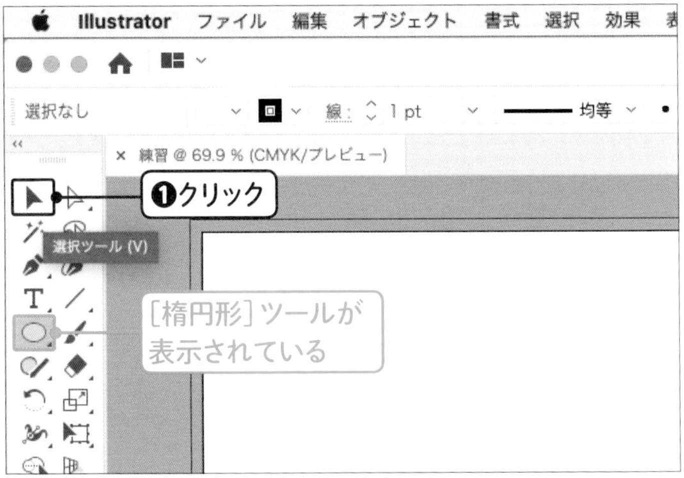

5 [楕円形] ツールが選択された

[楕円形] ツール が選択され、ツールパネル上でも前面に表示されるようになりました。操作が終わったら、[選択] ツール をクリックします❶。

Lesson
05

パネルの基本操作

ここでは、画面右側にあるパネルの操作方法を紹介します。IllustratorとPhotoshopともにオブジェクトの編集や加工などでよく使います。ここでは、Illustratorを例に操作を解説します。

練習ファイル　なし
完成ファイル　なし

1 パネルを表示する

Illustratorでは初期状態でパネルが閉じてアイコン化されています。ここでは、[スウォッチ]パネルのアイコン をクリックします❶。

MEMO

もしアイコン化されていない場合は、他のパネルで試してみてください。

2 パネルの表示を切り替える

[スウォッチ]パネルが表示されます。ここでは、オブジェクトの色変更が行えます。[ブラシ]タブをクリックして❶、パネルの表示を切り替えてみましょう。

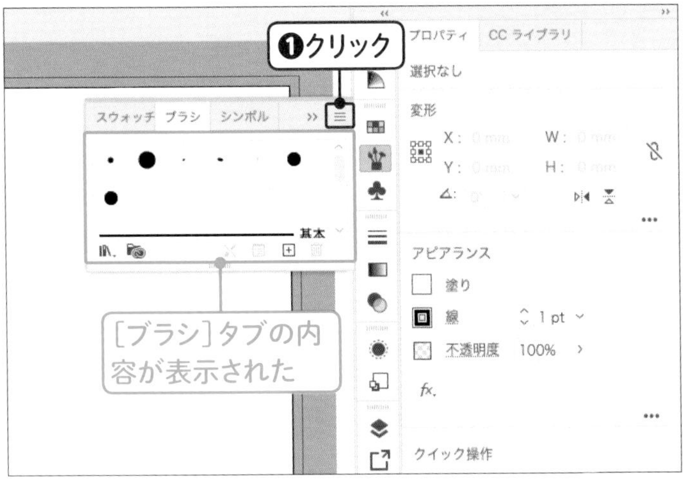

3 パネルのメニューを表示する

パネルの表示が[ブラシ]の内容に切り替わります。パネルの右上にメニューボタン ☰ がある場合は、メニューを表示することができるのでクリックします❶。

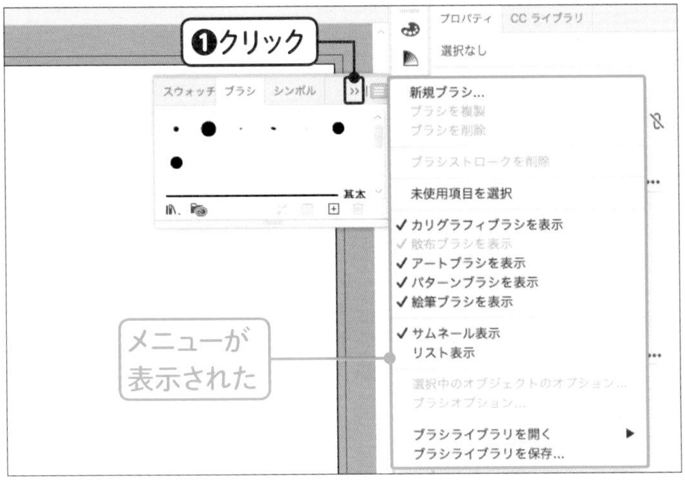

4 パネルをアイコン化する

表示されたメニューからオプションの選択などが行えます。パネルを元のアイコンに戻す場合は、パネル右上の ›› をクリックします❶。

Check! パネルを切り離す

パネルはドラッグすることで切り離して自由な位置に配置することもできます。他のパネルと組み合わせたり、[×]をクリックして不要なパネルを消去したりすることも可能です。パネルの配置を元に戻したい場合は、P.29のCheck!で紹介する操作で初期状態に戻すことができます。

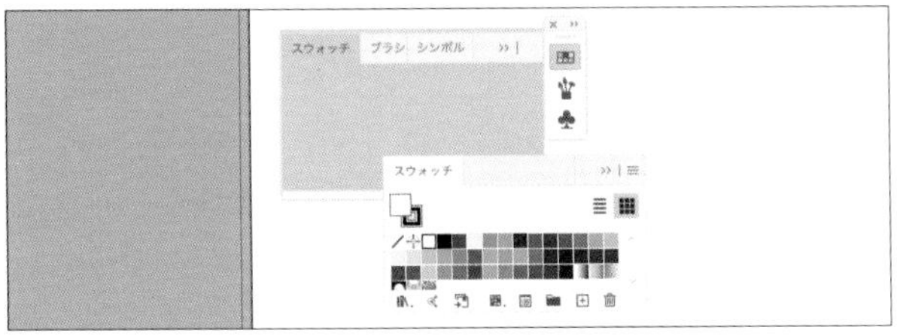

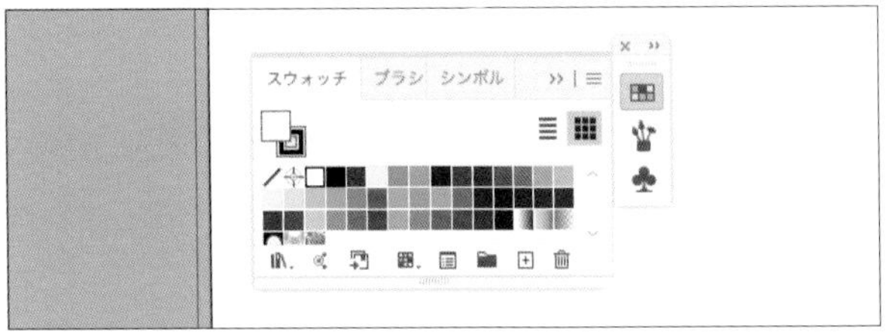

Lesson 06

画面の拡大と縮小

練習ファイル　なし
完成ファイル　なし

細かい作業をする場合、画面を拡大して移動すると操作しやすくなります。画面の拡大や縮小にはいろいろな方法があるので覚えておきましょう。ここでは、Photoshopを例に操作を解説します。

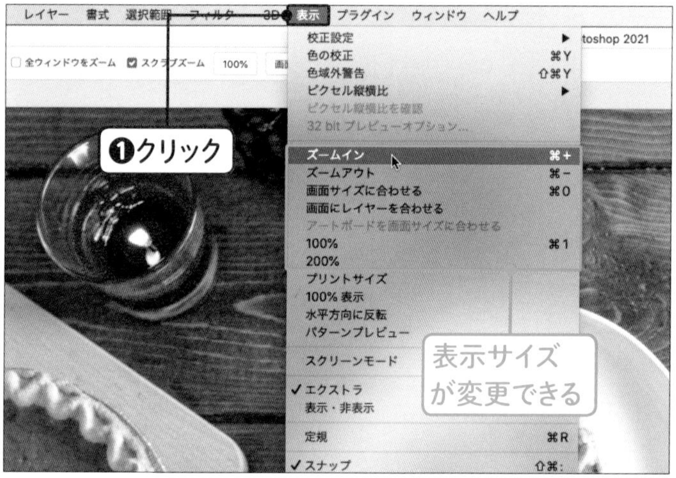

1 メニューから表示サイズを変更する

［表示］メニューをクリックすると❶、［ズームイン］で拡大、［ズームアウト］で縮小のほか、画面サイズに合わせた表示や等倍（100%）、2倍（200%）での表示が選択できます。

2 ［ズーム］ツールで表示サイズを拡大する

ツールパネルの［ズーム］ツール をクリックし❶、拡大したい箇所をクリックすると❷、その場所を中心に画面が拡大されます。

3 表示位置を移動する

表示位置を移動させたい場合は、[手のひら] ツール をクリックし❶、画面上をドラッグします❷。

MEMO

スペースキーを押すと、一時的に[手のひら]ツール に切り替えることができます。

4 [ズーム] ツールで表示サイズを縮小する

再度[ズーム]ツール をクリックし❶、option キー(Windowsでは Alt キー) を押しながら画面をクリックすると❷、画面の表示サイズが縮小されます。

Check! ズームボックスからの表示サイズの変更

画面左下の[ズームボックス]を使うと、表示倍率を指定して表示サイズを変更することができます。数値を入力して指定するほか、Illustratorでは倍率の一覧から選択することも可能です。

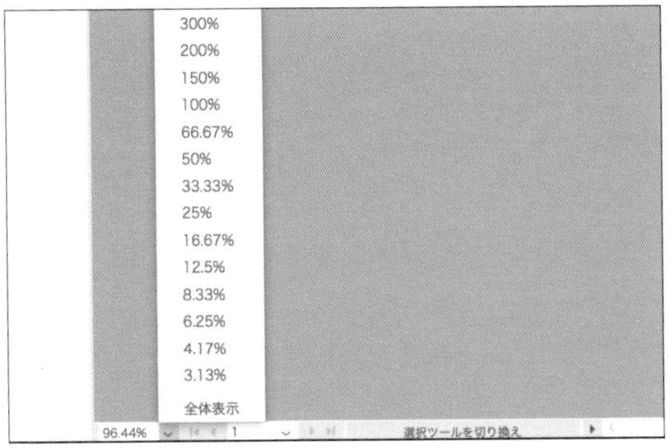

Lesson 07

操作の取り消しと画面の初期化

練習ファイル なし
完成ファイル なし

作業を間違えてしまった場合は、かんたんな操作で取り消すことができます。また、パネルを開きすぎて画面が見づらくなった場合は、初期状態に戻すことができます。ここでは、Illustratorを例に操作を解説します。

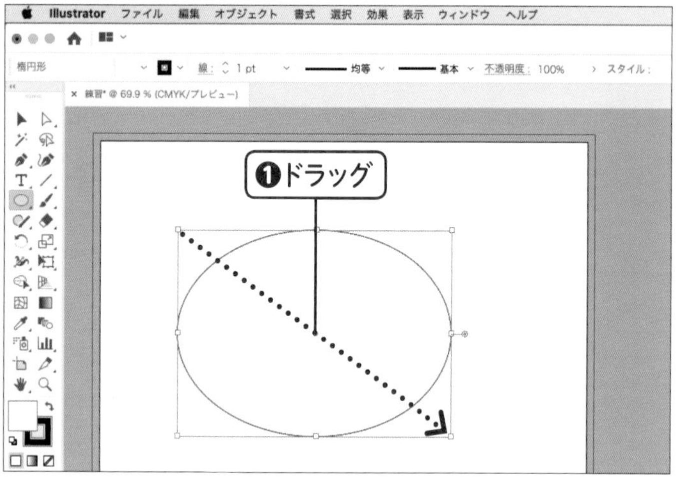

1 操作を行う

P.22やP.38を参考に［楕円形］ツール を選択し、アートボードをドラッグして楕円形を描いてみます❶。

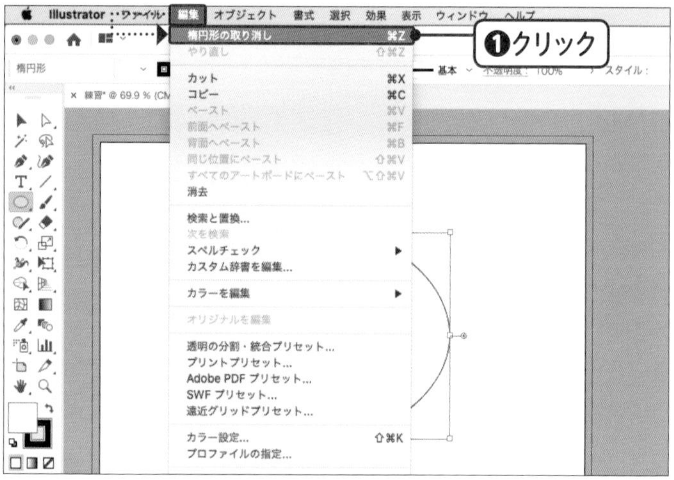

2 操作を取り消す

楕円形が描けたら、［編集］メニュー→［楕円形の取り消し］の順にクリックします❶。

3 操作が取り消された

操作が取り消され、楕円形が消えました。

MEMO

手順2の操作のほか、command キー（Windowsでは Ctrl キー）を押しながら z キーを押すことでも取り消しの操作が行えます。

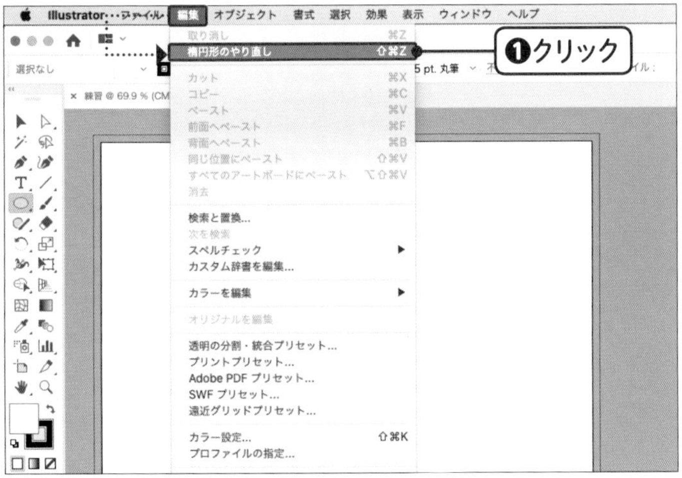

4 操作をやり直す

なお、［編集］メニュー→［楕円形のやり直し］の順にクリックすると❶、取り消した作業がやり直され、再度楕円形が表示されます。

MEMO

手順4の操作のほか、shift キーと command キー（Windowsでは Shift キーと Ctrl キー）を押しながら z キーを押すことでもやり直しの操作が行えます。

Check! 画面表示を初期状態に戻す

パネルを開きすぎて画面の状態がよくわからなくなってしまった場合や必要なパネルが消えてしまった場合は、IllustratorではP.20手順2の画面で［初期設定（クラシック）をリセット］をクリックすることで元の状態に戻すことができます。Photoshopでは、P.21手順1の画面の後に［初期設定をリセット］をクリックします。

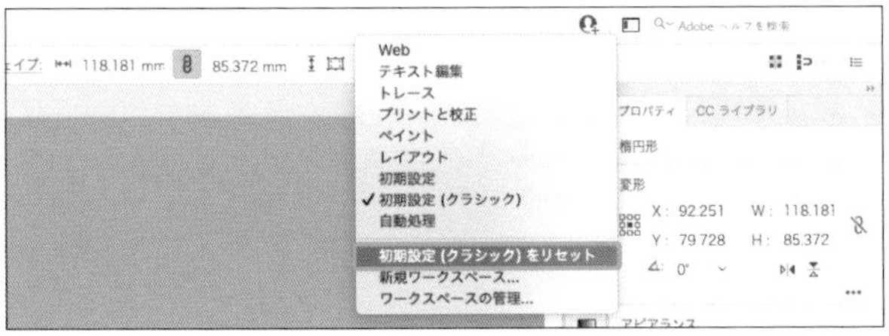

Lesson
08

ファイルの保存

練習ファイル　なし
完成ファイル　なし

本書では、各章の手順解説の最後でファイル保存をするステップを省略している場合があります。制作したファイルを保存する場合は、本節の操作を参考にしてください。

Illustrator の場合

1 [保存] を選択する

[ファイル] メニュー→ [保存] の順にクリックします❶。[コンピューターまたはクラウドドキュメントに保存してください] 画面が表示された場合は、[コンピューターに保存] をクリックします。

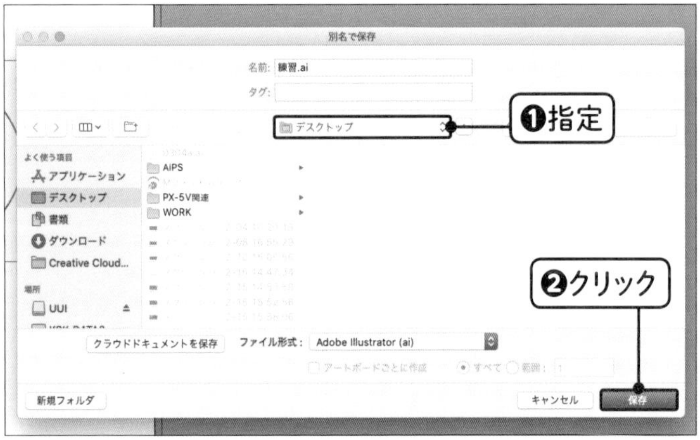

2 保存場所を指定して保存する

保存する場所を指定し❶、[保存] ボタンをクリックします❷。その後、[Illutrator オプション] 画面が表示された場合は、何も指定せず、そのまま [OK] ボタンをクリックします。

Photoshopの場合

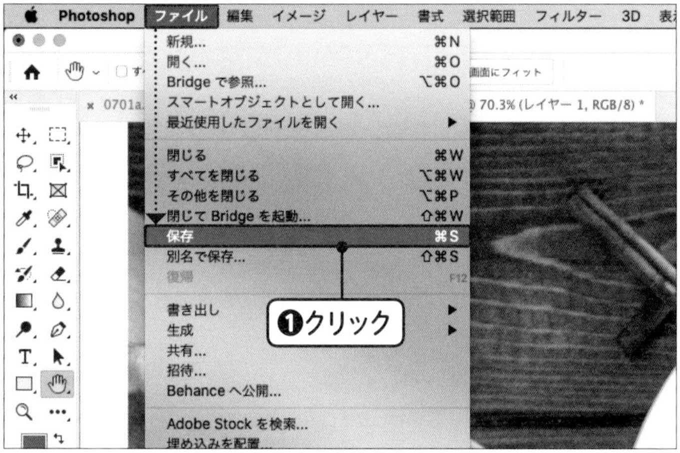

1 [保存]を選択する

[ファイル]メニュー→[保存]の順にクリックします❶。[コンピューターまたはクラウドドキュメントに保存してください]画面が表示された場合は、[コンピューターに保存]をクリックします。

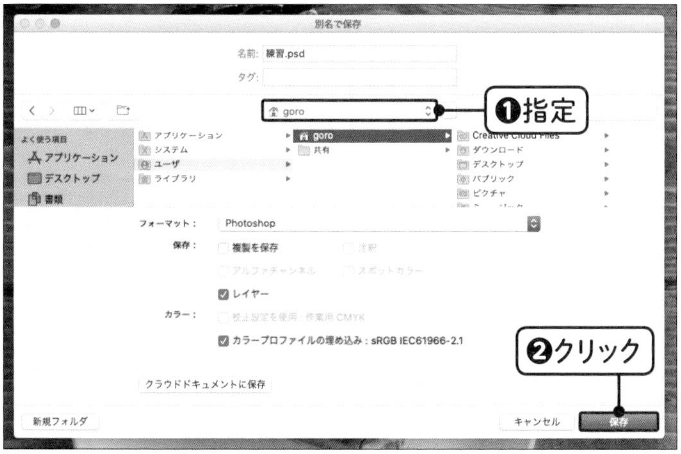

2 保存場所を指定して保存する

保存する場所を指定し❶、[保存]ボタンをクリックします❷。

MEMO

[Photoshop形式オプション]画面が表示された場合は、そのまま[OK]ボタンをクリックします。

Check! クラウドドキュメントに保存

クラウドドキュメントは、アドビIDを持っていれば無償プランの場合2GBまで利用できるストレージサービスです。IllustratorやPhotoshopで作成したデータを保存できるほか、同じアドビIDでサインインした他の端末からもファイルを読み出して利用することができます。本書では、学習用としての動作を優先しているため、手順1の操作ではクラウドドキュメントは利用せずパソコン内にファイルを保存しています。

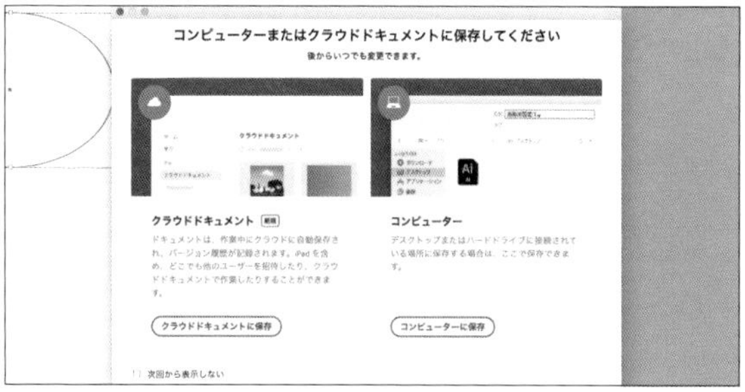

Column

カラーモードと解像度

ここでは、ドキュメントを作成するときに気をつけたい２つのポイント、カラーモードと解像度について解説します。

カラーモード

Illustrator や Photoshop で新規ドキュメントを作成する際、［印刷］や［Web］などのタブをクリックし、用途に応じて異なる設定をすることはすでに説明しました。このときに注意したいのが、ドキュメントの「カラーモード」です。カラーモードとは、色を表現・指定する方法のことで、一般的には「RGB」と「CMYK」の２種類がよく利用されます。それぞれの違いについて見ていきましょう。

▶RGB

RGB は「Red（赤）」「Green（緑）」「Blue（青）」の頭文字をとった言葉で、光の三原色によって色を表現する方式です。Web サイトやデジタルサイネージ、映像作品など、モニターやプロジェクトにより光を使って表示する媒体に向けた制作物は、RGB で色を指定する必要があります。

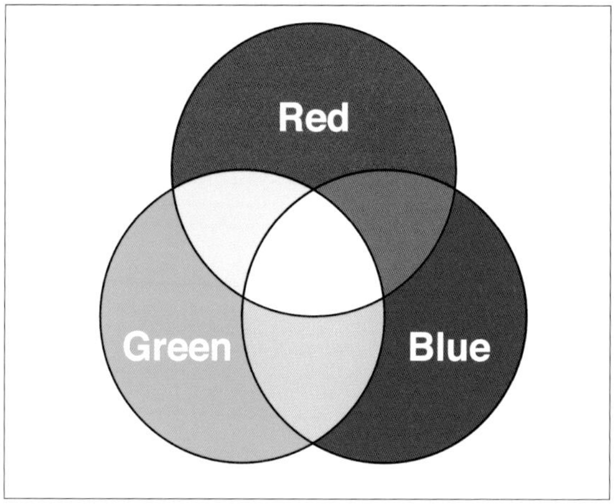

Illustrator では、新規ドキュメントを作成する際に［印刷］以外のタブをクリックすると、作成するドキュメントが自動的に RGB で指定されます。

Photoshop では、すべての場合で RGB でドキュメントが作成されます。そのため、制作後に印刷用途に利用する場合には、CMYK に変換する必要があります。

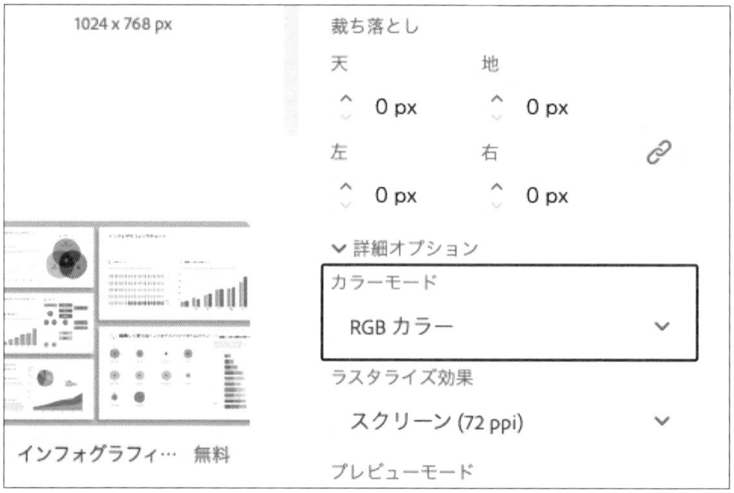

▶CMYK

CMYK は「Cyan（シアン）」「Magenta（マゼンタ）」「Yellow（イエロー）」と黒（※）の４色を混合して色を表現する方式です。印刷物向けのデータを制作するときに利用する方式で、CMYK を使ってデータを制作しないと、印刷会社では印刷することができません。RGB よりも表現できる色の範囲が狭いことに注意する必要があります。

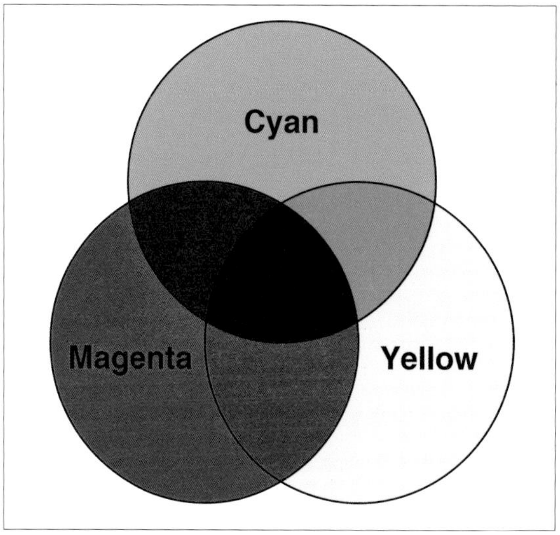

※黒を表現するのに K という字を使う理由には、「black」の最後の文字をとった、「Key Plate」という言葉の頭文字をとったなど、さまざまな説があります。

解像度

Photoshop で新規ドキュメントの作成をするときに注意したいのが、解像度の設定です。Photoshop で画像を拡大すると「ピクセル」と呼ばれる粒でデータが成り立っているのがわかります。このピクセルがどのくらいの密度で設定されているかを示すのが、解像度と呼ばれる数値です。[Web] タブをクリックすると解像度の欄に「72」と表示され、[印刷] の場合には「300」と表示されます。これは、1 インチあたりにいくつのピクセルが入るのかを示した数字で、一般的には印刷物用のデータの方が画面表示用のデータより高い解像度が求められます。一例として、はがきサイズの印刷用データであれば、約 1400×2100 ピクセル程度が必要になります。

画像を拡大すると「ピクセル」と呼ばれる粒でデータが成り立っていることがわかる。

Column

Creative Cloud や関連するアドビのサービスについて

ここでは、知っておくと便利なアドビの各種サービスや機能についてご紹介します。

▶Adobe Color

https://color.adobe.com/

Adobe Color は、アドビが展開する配色作成サービスです。Web ブラウザやアプリからアクセスし、さまざまな配色ルールを使って 5 色の配色セットを効率的に作成することができます。また、世界中のユーザーが作成した配色をキーワードで検索することもできます。本書では筆者があらかじめ Adobe Color に登録しておいた配色のセットをダウンロードして利用する方法を解説します。

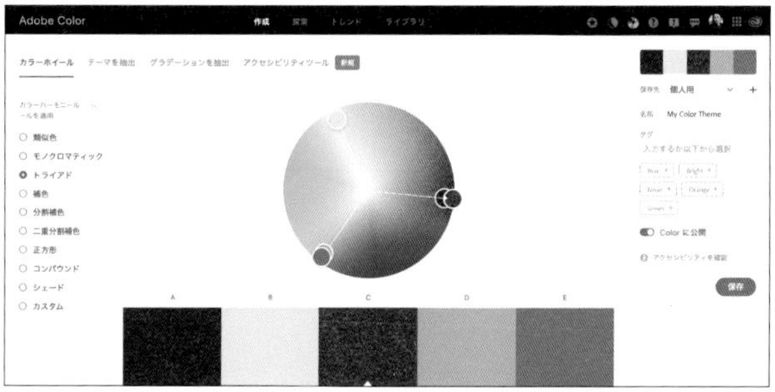

▶Adobe Fonts

https://fonts.adobe.com/

Adobe Fonts は、アドビ ID を持っている人であれば誰でも利用できるフォント配布サービスです。Web サイトから好きなフォントを探して登録することもできますし、Illustrator の［文字］パネルから直接欲しいフォントをダウンロードすることも可能です。本書では、後者の方法について詳しく解説しています。

▶Creative Cloud ライブラリ

https://www.adobe.com/jp/creativecloud/libraries.html

Creative Cloud ライブラリ（CC ライブラリ）は、Illustrator や Photoshop だけではなく、Web 制作や映像制作向けのアドビ製品でも広く横断して利用できる、「オンラインの素材置き場」です。グラフィック、色、テキストのスタイルなど、さまざまな素材を保存しておくことができ、ドキュメントやアプリケーションをまたいで利用することができます。本書では、Photoshop で編集した写真データや Illustrator で作成したアイコンを Creative Cloud ライブラリに保存し、Illustrator の新規ドキュメント上で利用する方法について解説しています。

Chapter

1

基本図形でかんたんな絵を描こう～Illustrator

この章では、Illustratorにあらかじめ用意された機能を使って、シンプルなキャラクターの顔を描いてみます。基本図形や線の描き方と、色変更の仕方を学ぶことができます。

Visual Index　Chapter 1

基本図形でかんたんな絵を描こう ～ Illustrator

完成イメージ

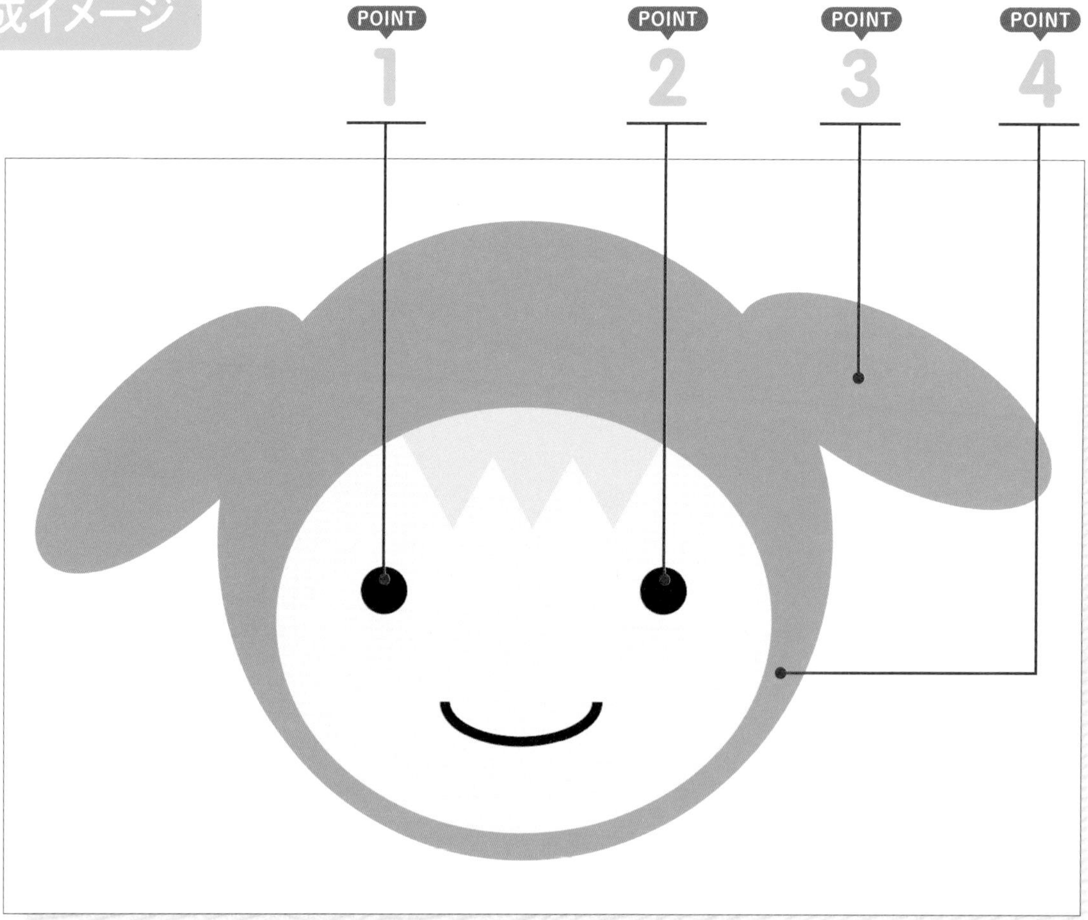

この章のポイント

POINT 1 正円や正三角形を描く

ツールを選択してドラッグすることで、正円や正三角形を描くことができます。

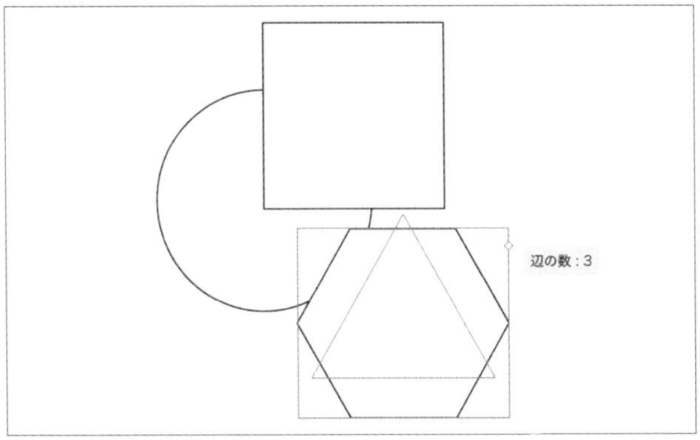

→P.38

POINT 2 描いた図形を複製する

一度描いた図形をまったく同じ形で複製することで、作業を効率化できます。

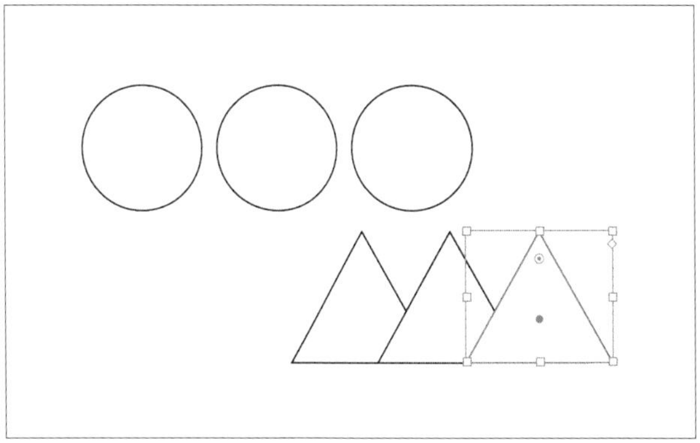

→P.48

POINT 3 描いた図形を拡大／縮小／回転する

一度描いた図形のサイズを変更したり、角度を変えたりすることができます。

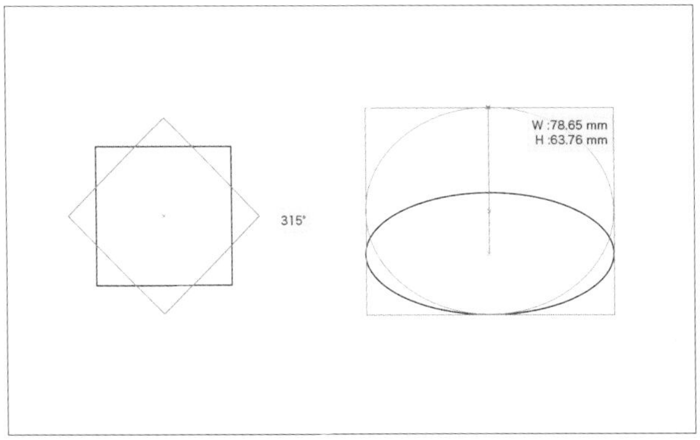

→P.42、P.46

POINT 4 描いた図形の色を変更する

図形の塗りの色や線の色を、自分の好きな色に指定することができます。

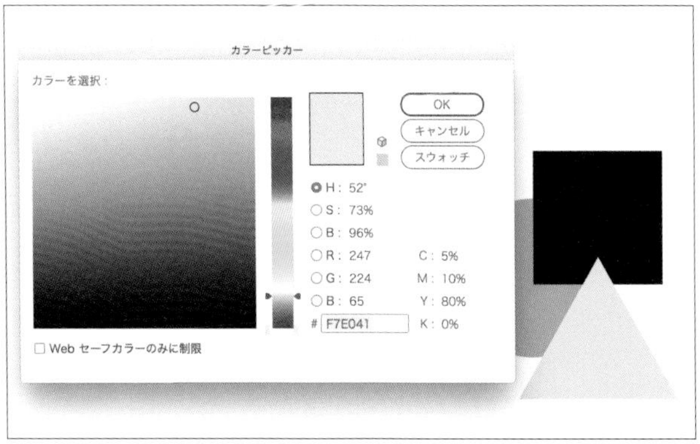

→P.54

Lesson
01

正円を描こう

まずは、[楕円形]ツールと shift キーを使って、正円を描く練習をします。正円はさまざまなデザインやイラストで利用される基本図形ですから、確実に描けるようにしましょう。

練習ファイル　(なし)
完成ファイル　0101b.ai

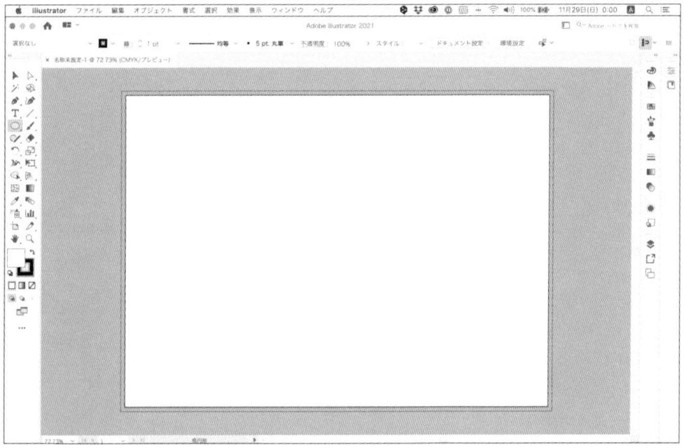

1 新規ドキュメントを作成する

P.16を参考に、[印刷]タブから[A4]サイズを選択し[方向]を「横位置」に設定して、新規ドキュメントを作成します。カラーモードは自動的にCMYKに設定されています。

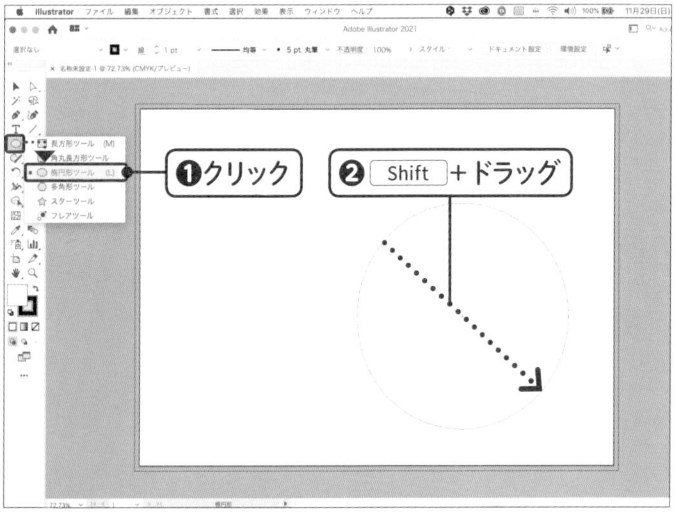

2 大きな正円を描く

キャラクターの輪郭になる大きな正円を描いていきます。P.22を参考にツールパネルから[楕円形]ツールをクリックして選択し❶、 shift キーを押しながら、左上から右下にドラッグします❷。

MEMO

ドラッグ操作が完全に終わるまで確実に shift キーを押し続けることが、きれいな正円を描くコツです。

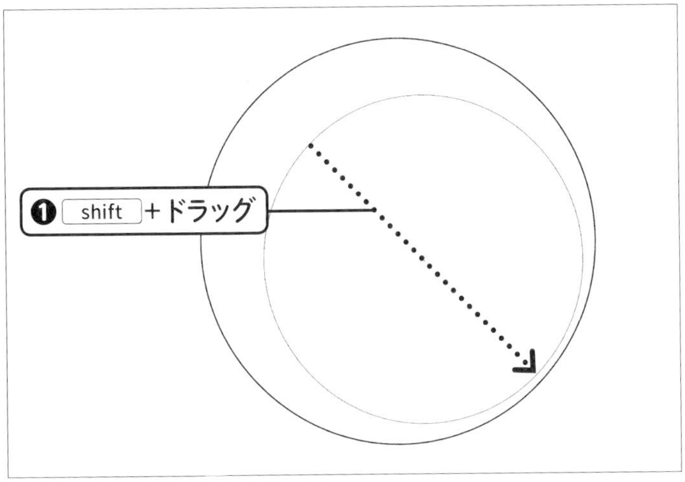

3 内側にもう１つ正円を描く

大きな正円が描けました。続いて、キャラクターの内側の輪郭となるひとまわり小さめの正円を描きます。図を参考に、[楕円形]ツール が選択された状態で shift キーを押しながら左上から右下にドラッグします❶。

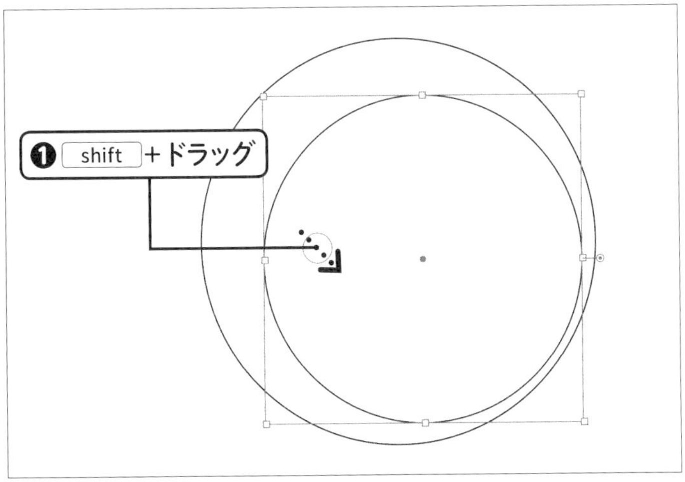

4 目を作るための小さな正円を描く

ひとまわり小さな正円が描けました。次に、キャラクターの目を作るために、小さな正円を１つ描きます。図を参考に、[楕円形]ツール が選択された状態で shift キーを押しながら左上から右下にドラッグします❶。

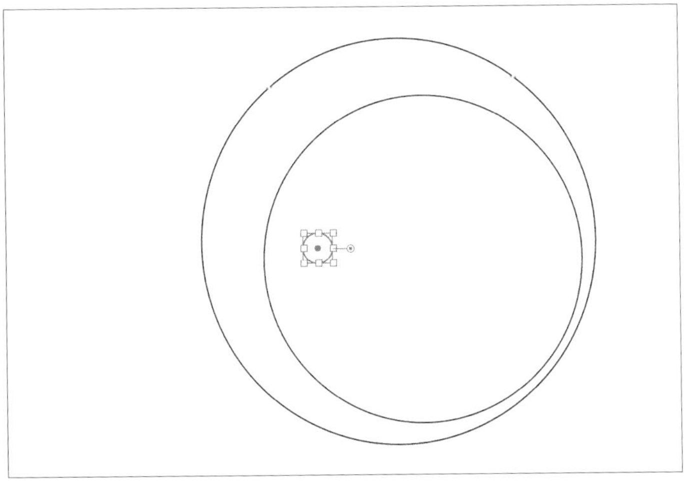

5 正円が３つ描かれた

小さな正円を描くことができました。合計で3つの正円が準備できました。

Lesson
02

楕円を描こう

練習ファイル　0102a.ai
完成ファイル　0102b.ai

ここでは、[楕円形] ツールを使って、楕円を描く練習をしてみましょう。ドラッグの方向に応じて、太い楕円や細い楕円を描き分けることができます。

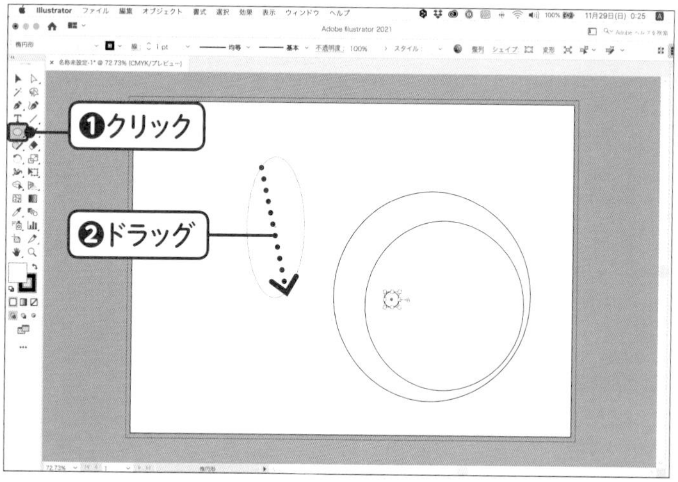

1 キャラクターの耳になる楕円を描く

キャラクターの耳を作るために、縦に細長い楕円を描きます。ツールパネルから [楕円形] ツール をクリックして選択し❶、図を参考に左上から右下にドラッグします❷。

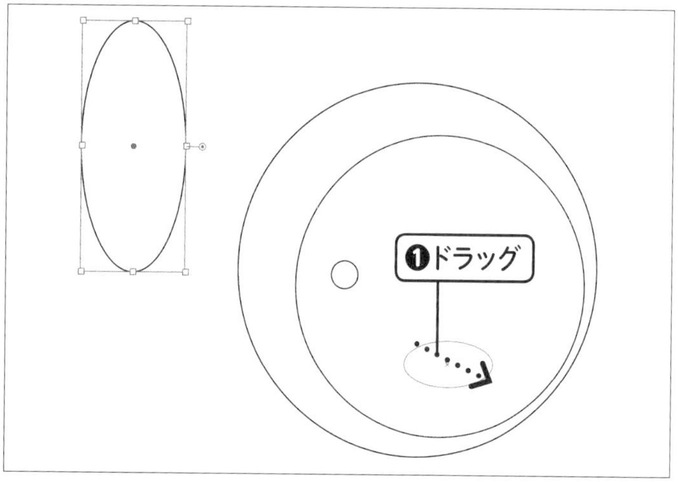

2 キャラクターの口になる楕円を描く

縦に細長い楕円が1つ描かれました。続いて、キャラクターの口を作るために横長の楕円を描きます。図を参考に、[楕円形] ツール が選択された状態で左上から右下にドラッグします❶。

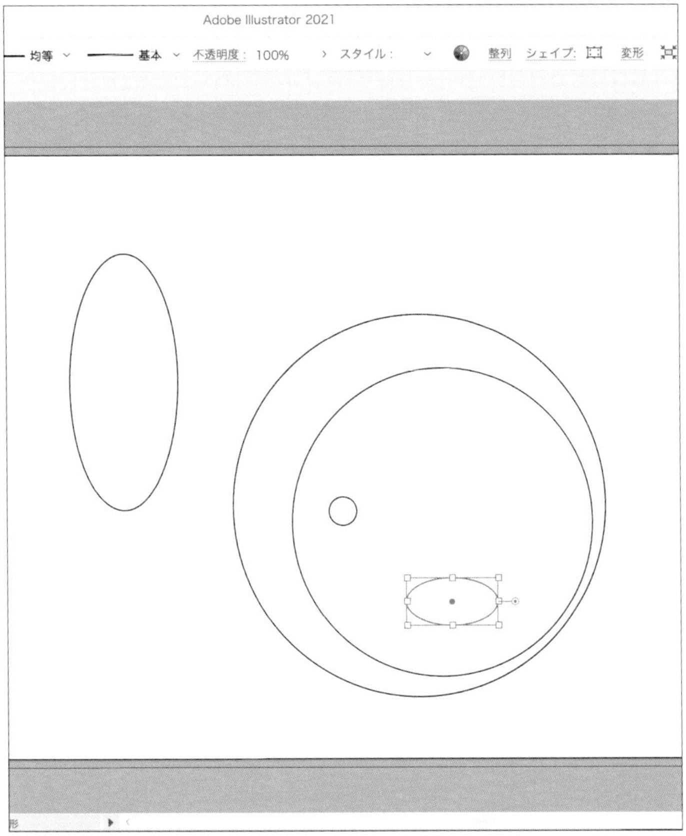

3 楕円が２つ描かれた

ここまでの操作で、２つの楕円を描くことができました。サイズや位置はこのあと調整するので、今の段階では気にする必要はありません。

MEMO

描いた図形を移動したい場合は、［選択］ツール▶を使ってバウンディングボックス（P.42参照）が表示された状態で図形をドラッグします。カーソルキー（↑↓→←）を押すことでも移動可能で、少しずつ動かせるため微妙な位置調整が行えます。

Check! 複雑な図形もかんたんな図形の組み合わせで描くことができる

一見複雑に見える図形も、よく観察して分解してみると、円や四角形や三角形などの組み合わせで成り立っていることも多いのです。たとえば、三日月の形は２つの正円を重ねて切り抜くことで作成できますし、８個の角がある星のような形は、正方形を２つ用意して片方を45°回転させることで作成できます。このように、自分が描きたいと思う図形から逆算し、どういったシンプルな図形を用意すればよいのか想像してみるのは、とてもよい練習になります。

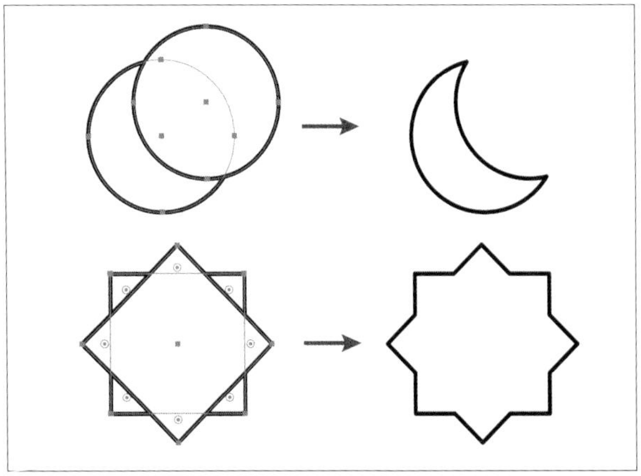

Lesson 03

描いた図形を拡大／縮小しよう

練習ファイル　0103a.ai
完成ファイル　0103b.ai

描いた図形を拡大／縮小し、大きさを変更する練習をしてみましょう。縦方向や横方向だけに伸び縮みさせることもできますし、縦横比率を保ったまま大きさ変更をすることも可能です。

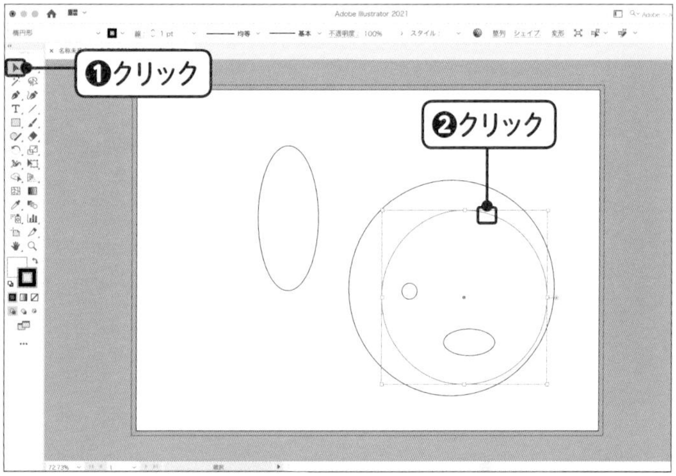

1 拡大／縮小したい図形を選択する

ツールパネルから[選択]ツール をクリックし❶、大きな正円の1つ内側の正円をクリックします❷。

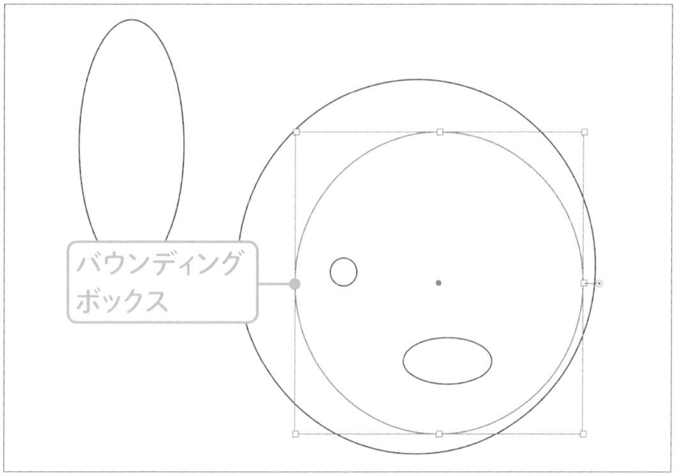

2 バウンディングボックスが表示された

正円が選択された状態になり、周囲に青い線の「バウンディングボックス」が表示されました。この状態から、図形を拡大／縮小したり、回転したりすることができます。

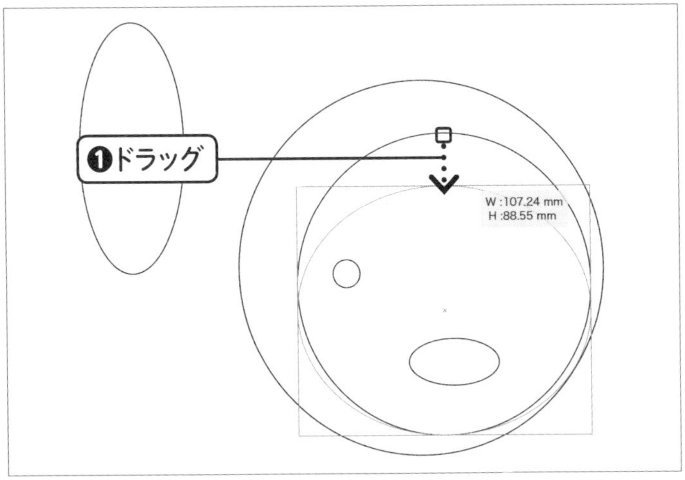

3 正円の高さを変更する

バウンディングボックス上辺中央にある四角形（ハンドル）を、図を参考に下方向にドラッグします❶。

MEMO

バウンディングボックスの辺の中央にあるハンドルを利用すると、縦あるいは横の一方向にだけ、図形を伸び縮みさせることができます。

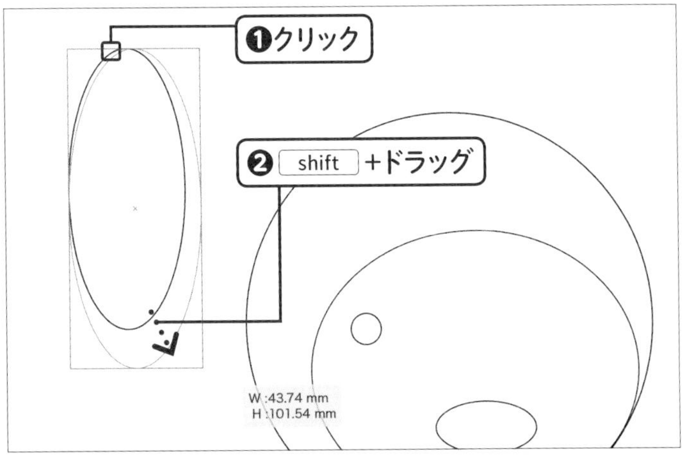

4 縦横の比率を保ったまま楕円を大きくする

正円の高さが低くなり、横長の楕円になりました。次に、左上の細長い楕円をクリックし❶、バウンディングボックスの右下のハンドルを shift キーを押しながら右下にドラッグします❷。

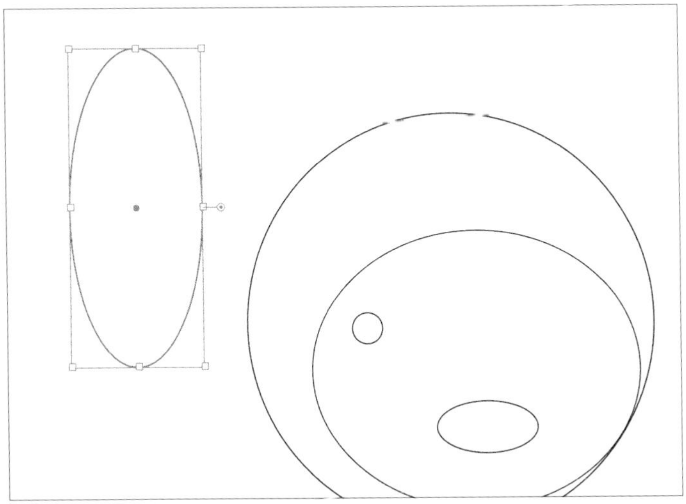

5 楕円の大きさが変わった

縦横の比率を保ったまま、楕円の大きさが変わりました。

MEMO

四隅のハンドルをつかんで shift キーを押しながらドラッグすると、縦横比率を保ったまま拡大／縮小することができます。マウス操作が終わるまで確実に shift キーを押し続けるのが、正確な操作のコツです。

Lesson 04

正三角形を描こう

練習ファイル　0104a.ai
完成ファイル　0104b.ai

デザインやイラスト作成でよく使われる図形「正三角形」ですが、初学者の方はその描き方に迷われるようです。ここでは、[多角形] ツールを使ってかんたんに正三角形を描く方法を解説します。

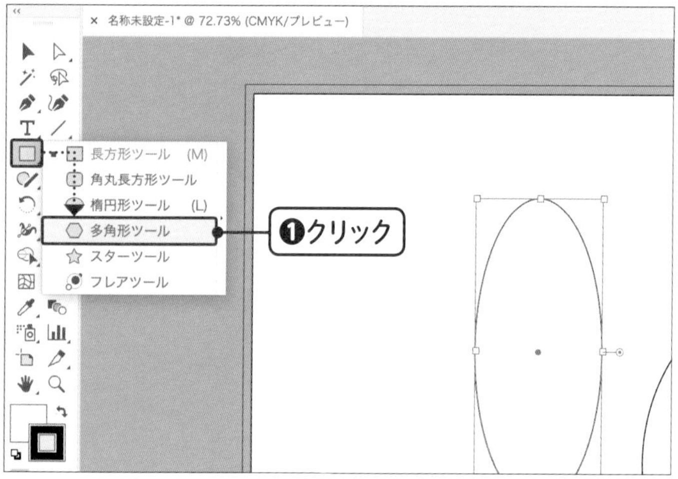

1 [多角形] ツールを選択する

P.22を参考にツールパネルから [多角形] ツール をクリックして選択します❶。

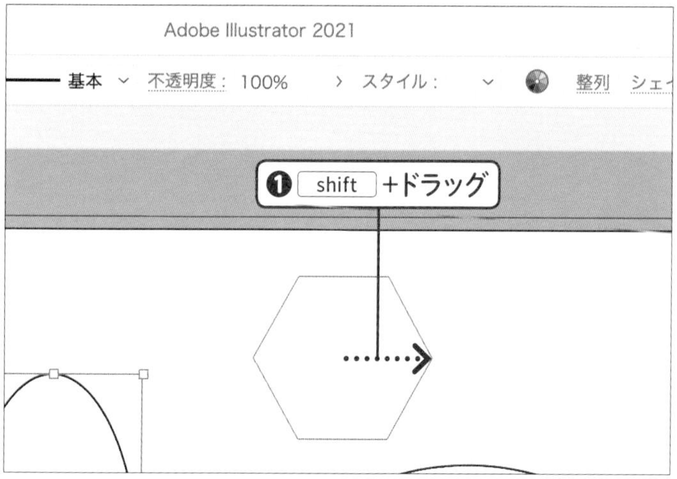

2 shift キーを押しながらドラッグする

図を参考に shift キーを押しながらドラッグすると❶、正六角形が描かれます。

MEMO

マウス操作が終わるまで確実に shift キーを押し続けると、正六角形の2辺が水平な状態になります。

3 辺の数を変更するためのハンドルを確認する

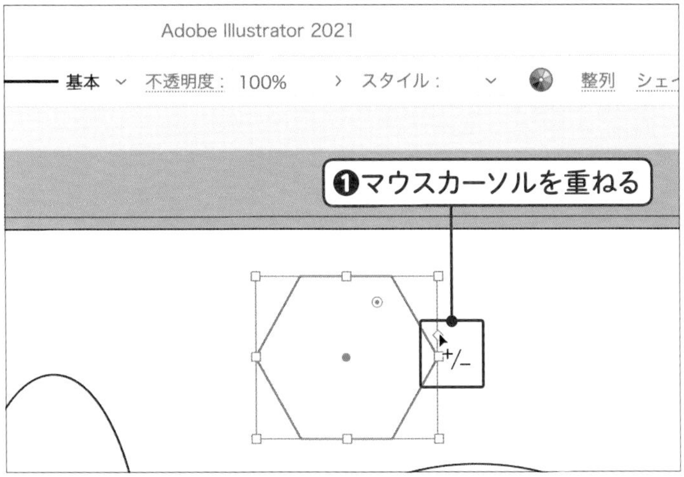

[多角形] ツール で図形を描いたときには、バウンディングボックス上に図のような菱形のハンドルが現れます。そこにマウスカーソルを重ねると❶、[+/-] という印が表示されます。

4 辺の数を変更する

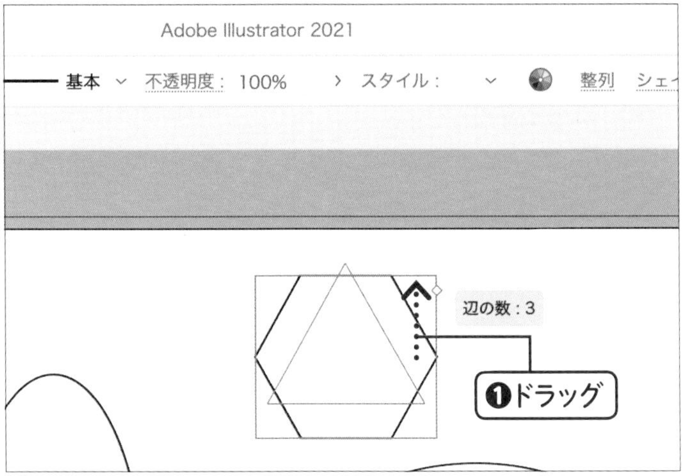

菱形のハンドルを上方向にドラッグします❶。[辺の数：3] というチップが表示されるところで、マウスから手を離します。

MEMO

一度描いた多角形の辺の数は、あとから変更することができます。

5 正三角形になった

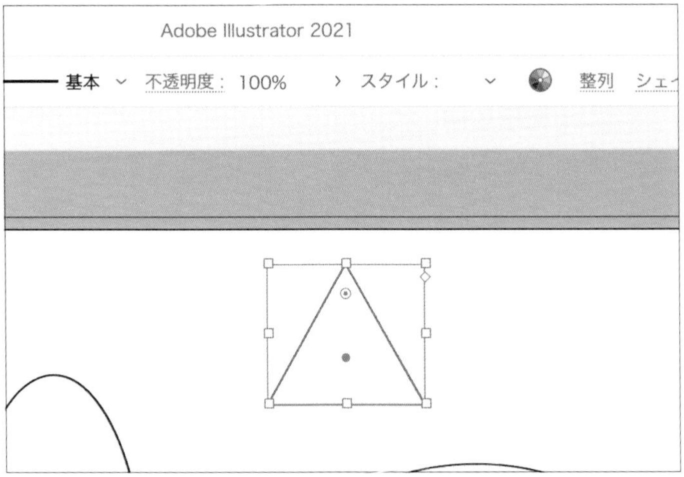

正六角形が正三角形になりました。このパーツは、後のステップでキャラクターの前髪部分になります。

Lesson 05

図形を回転しよう

練習ファイル	0105a.ai
完成ファイル	0105b.ai

ここでは、描いた図形を回転させる方法を学びましょう。Illustratorでの画像作成で非常によく使う操作です。この作例では、キャラクターの耳にあたるパーツを回転させてみます。

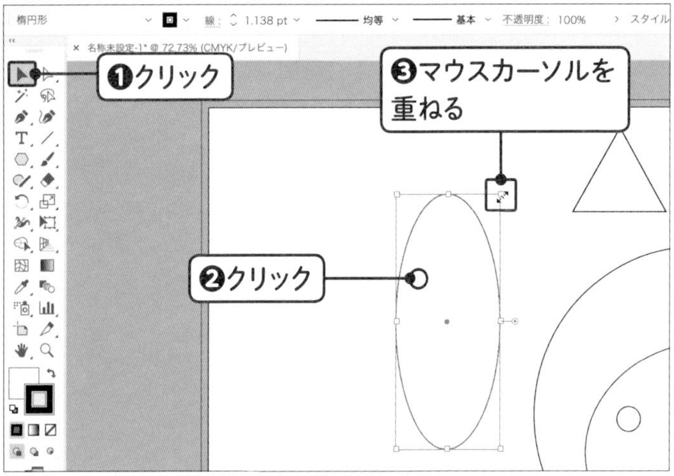

1 回転する図形を選択する

[選択]ツール をクリックし❶、細長い楕円をクリックします❷。表示されたバウンディングボックスの右上のハンドルにマウスカーソルを重ねます❸。

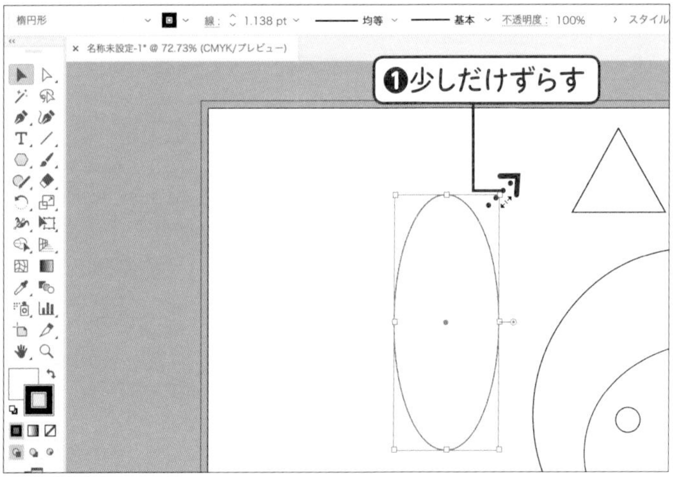

2 マウスカーソルを外側に少しずらす

図のように斜め方向の両向き矢印が表示されるので、マウスカーソルを図形の外側に向けて、ほんの少しだけずらします❶。

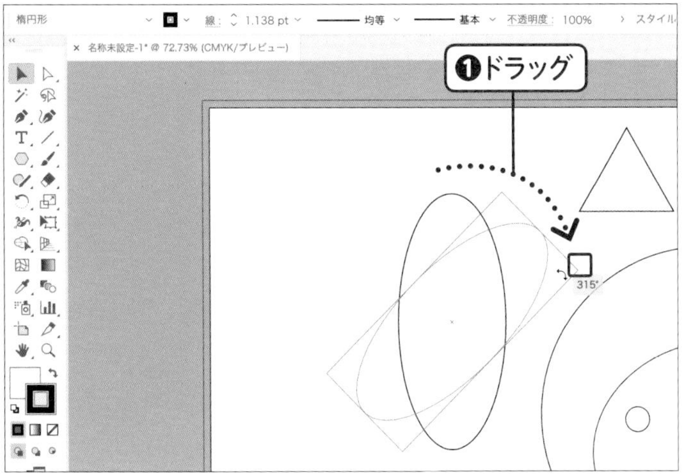

3 マウスを使って楕円を回転させる

マウスカーソルの形が円弧を描いた矢印に変化します。この状態でドラッグすると図形が回転します。図を参考に右下方向にドラッグして❶、細長い楕円を右に傾けます。

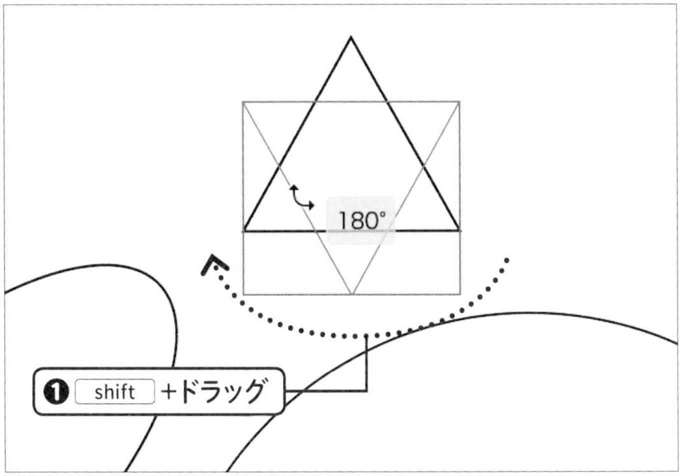

4 正三角形を回転させる

次に、正三角形をクリックして選択し、右下のハンドルにマウスカーソルを重ねたあと外側にずらして、円弧を描いた矢印が表示されたら、shift キーを押しながら180度回転するようにドラッグします❶。

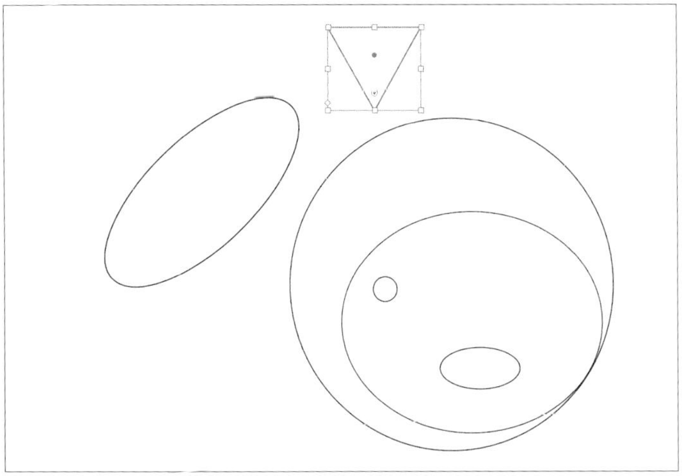

5 正三角形の回転が完了した

正三角形がきれいに逆さになれば、作業完了です。

MEMO

図形を回転させる際、shift キーを押しながら操作すると45度刻みに回転します。

Lesson 06

図形を複製しよう

ここでは、一度描いた図形をドラッグ操作で複製する手法について学びます。今回の作例では、キャラクターの目と耳と前髪のパーツを複製してみます。

練習ファイル　0106a.ai
完成ファイル　0106b.ai

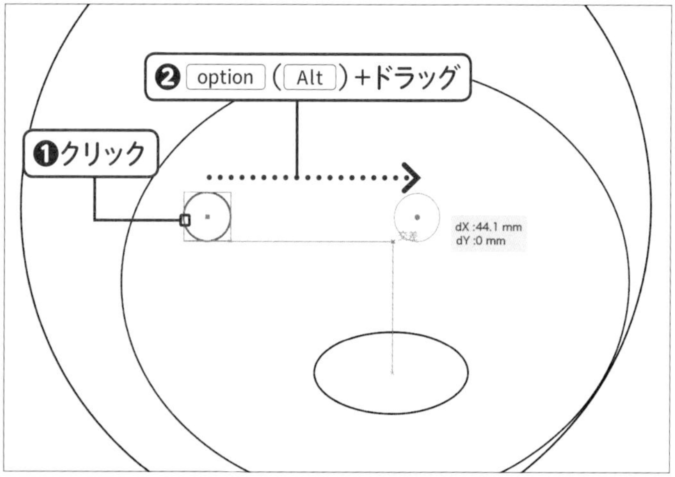

1 [選択] ツールを使って図形を複製する

P.22を参考に [選択] ツール をクリックし、一番小さな正円 (目のパーツ) をクリックして❶、option キー (Windowsの場合は Alt キー) を押しながら右方向にドラッグします❷。

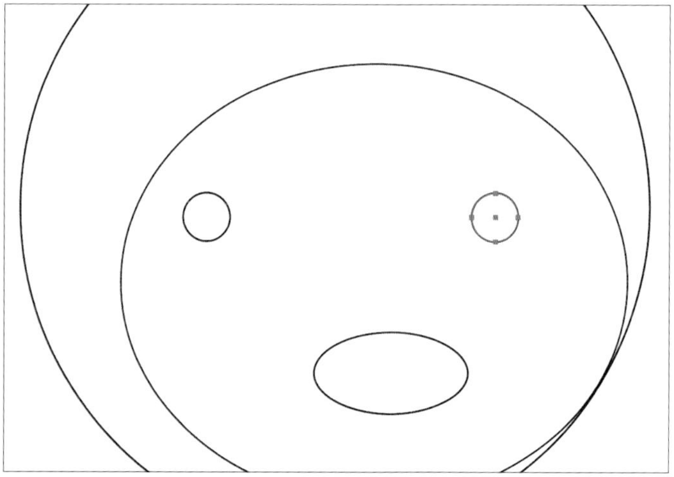

2 複製したい場所でマウスから手を離す

図のような位置でマウスから手を離し、続いて option キー (Windowsの場合は Alt キー) から手を離すと、正円が複製されます。

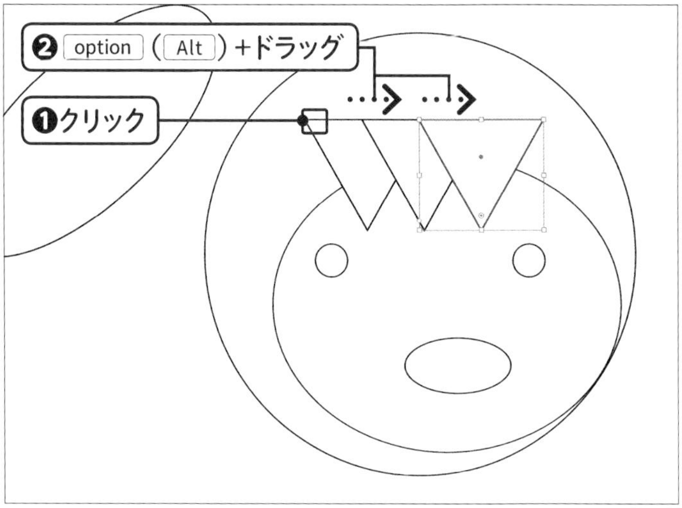

3 正三角形を2つ複製する

次に、正三角形を2つ複製します。正三角形をクリックし❶、option キー（Windowsの場合は Alt キー）を押しながら右方向にドラッグします❷。これを2回行い、合計3つにします。

MEMO

図を参考に、3つの正三角形がキャラクターの前髪になる位置に複製します。

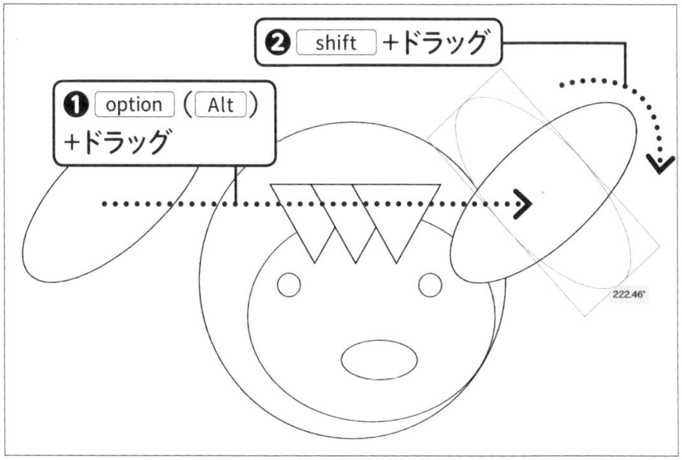

4 細長い楕円を複製して回転する

細長い楕円（耳のパーツ）を同様の方法でドラッグして複製し❶、P.46を参考に180度回転します❷。

MEMO

複製した耳のパーツは右側が下がった斜めにしましょう。

5 3種類のパーツの複製が完了した

ここまでの操作で、目のパーツ（小さな正円）、耳のパーツ（細長い楕円）、前髪のパーツ（正三角形）を複製する操作が完了し、キャラクターの顔の雰囲気ができあがってきました。

Lesson 07

図形の一部だけを消そう

練習ファイル　0107a.ai
完成ファイル　0107b.ai

次に、［ダイレクト選択］ツールを使って、図形の一部だけを削除する操作について学びましょう。

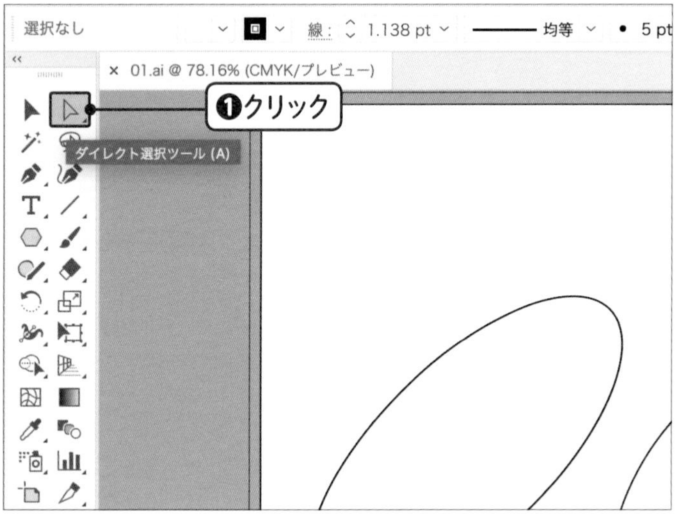

1 ［ダイレクト選択］ツールを選択する

［ダイレクト選択］ツール をクリックします❶。このツールを使うと、図形の一部分だけを選択して、動かしたり消したりすることができます。

MEMO

前のページまでで利用した［選択］ツールは、図形の全体を選択して操作するツールです。2つのツールの違いを気にとめておきましょう。

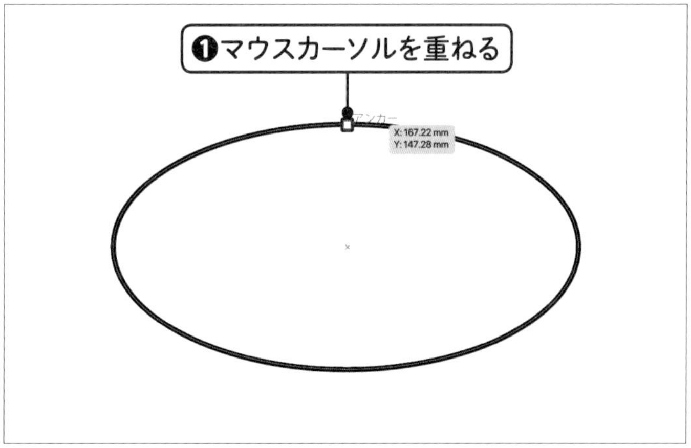

2 選択したい箇所にマウスカーソルを重ねる

口のパーツとして描いた横長の楕円の、上の円弧の中央にマウスカーソルを重ねます❶。ピンク色の文字で［アンカー］と表示されます。

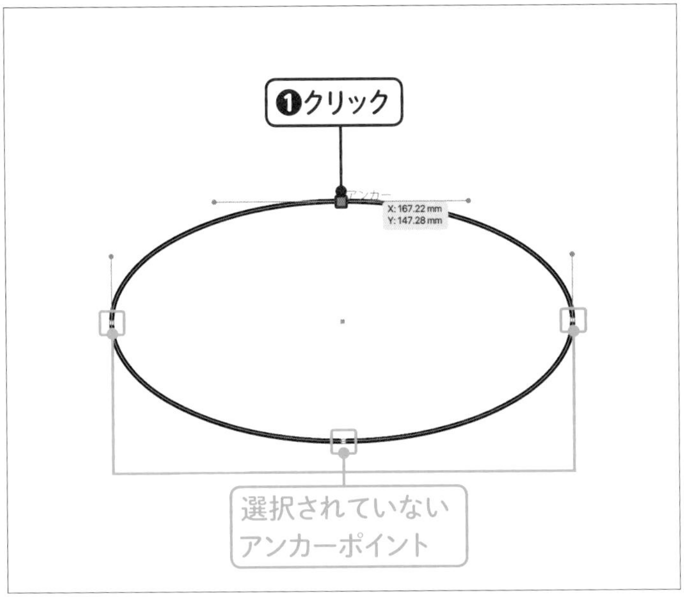

3 クリックしてアンカーポイントを選択する

[アンカー]と表示された部分をクリックします❶。上下左右合わせて4つのアンカーポイントが表示されます。

MEMO

選択されたアンカーポイントは青、選択されていないアンカーポイントは白、という違いがあります。

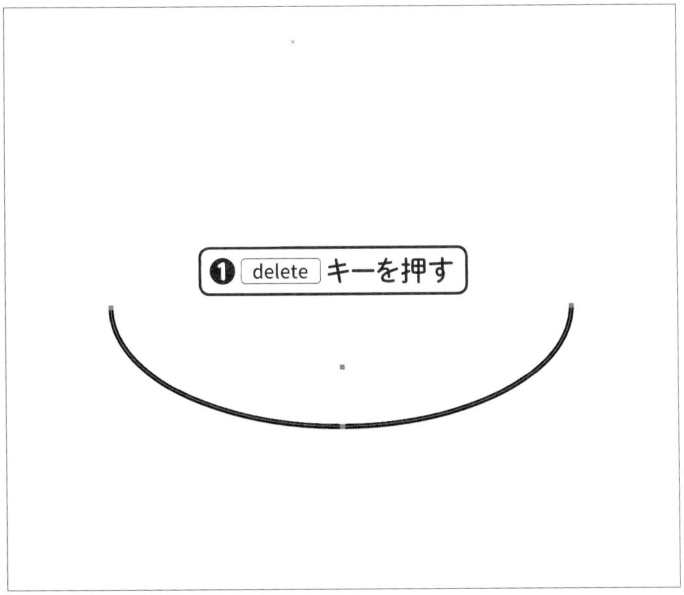

4 選択したアンカーポイントを消す

キーボードの delete キーを押します❶。アンカーポイントが1つだけ削除され、下半分の円弧だけが残ります。

Check! [アンカー]とは?

[ダイレクト選択]ツール を図形に重ねた位置によって[アンカー]と表示されることがあります。これは、「アンカーポイント」の略で、Illustratorの図形の芯の部分(パスと呼ばれます)の角や円弧の膨らみの部分に見られます。Illustratorの図形は、複数のアンカーポイントとアンカーポイントをつないだパスでできているのです。

Lesson 08

図形を合体して不要な部分を消そう

練習ファイル　0108a.ai
完成ファイル　0108b.ai

いよいよ、キャラクターの顔を仕上げていきます。前髪のはみ出した部分や耳と輪郭が重なった部分が不要なので、［シェイプ形成］ツールを利用して、重なったところ同士を合体させてみましょう。

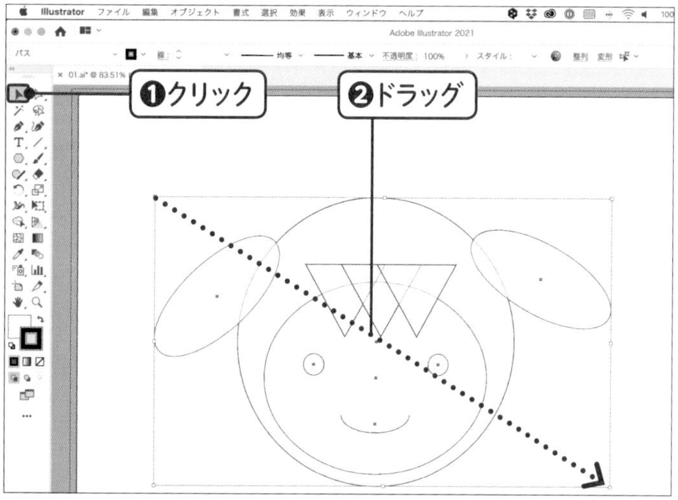

1 いままでに描いた図形をすべて選択する

［選択］ツール をクリックし❶、いままで描いた図形を外側から囲むようにドラッグしてすべて選択します❷。

MEMO

いままでに描いたパーツの位置がおかしい場合には、この作業の前にP.36の完成図とP.41のMEMOを参考に［選択］ツール を使って位置を整えておきましょう。

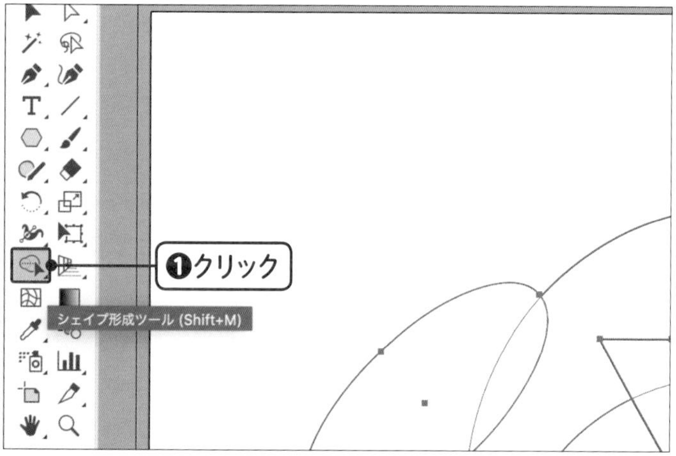

2 ［シェイプ形成］ツールを選択する

ツールパネルの［シェイプ形成］ツール をクリックします❶。このツールを使うと、図形同士の重なったところを合体させることができます。

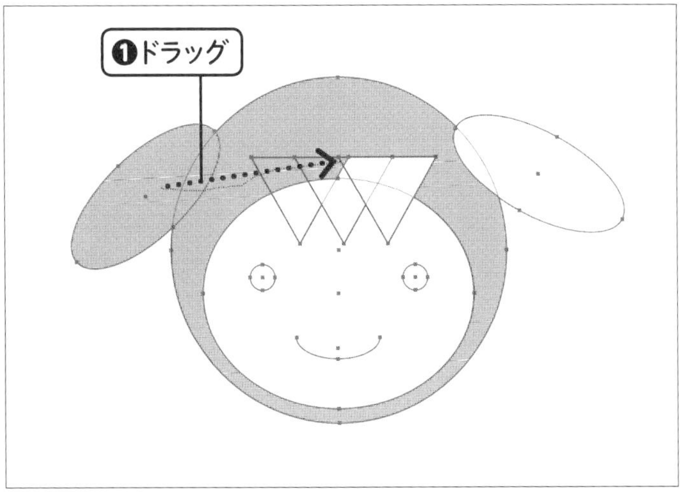

3 つなげたい部分をドラッグする

図を参考に、つなげたい部分を横切るようにドラッグします❶。ドラッグした軌跡が表示され、図形が網点表示になります。

MEMO

もし操作に失敗したら、command キー（Windowsでは Ctrl キー）を押しながら z キーを押して操作を取り消し、再度チャレンジしてみましょう。

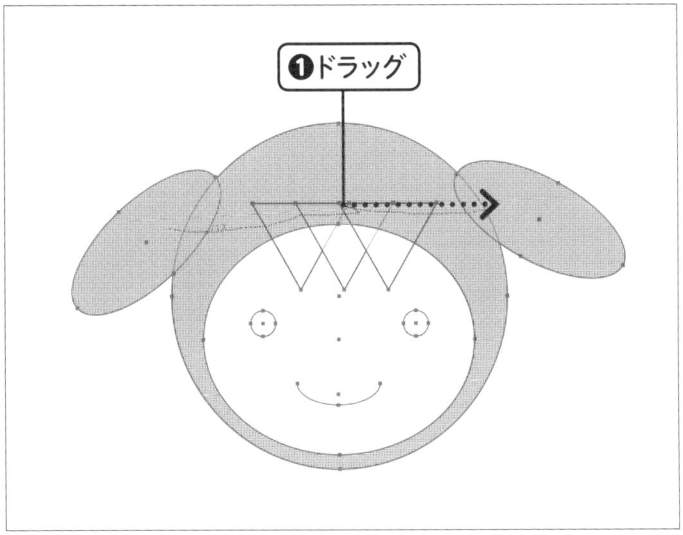

4 耳と前髪と輪郭をつなげる

［シェイプ形成］ツール でドラッグした部分が合体していきます。図と同じように、耳と輪郭と前髪のはみ出した部分を合体させるように、少しずつドラッグします❶。

MEMO

一筆書きのようにすべてを一度につなげようとしなくてかまいません。1箇所ずつマウスを離し、少しずつつなげていっても大丈夫です。

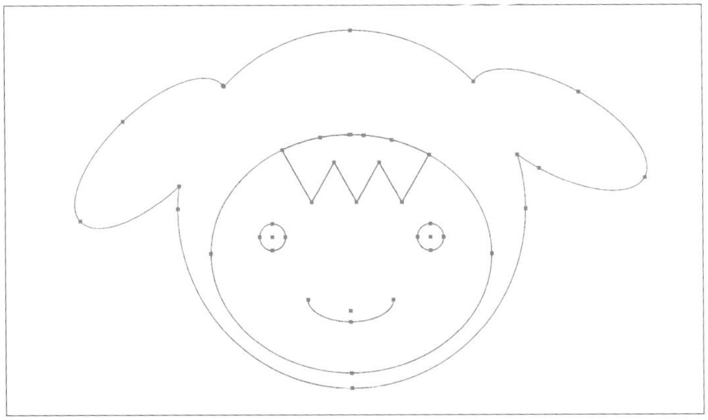

5 耳と前髪と輪郭がつながった

マウスから指を離して、耳と前髪のはみ出した部分と輪郭がすべてつながっていればOKです。

MEMO

前髪の正三角形のパーツ同士もつなげておくと、次のステップで色が塗りやすくなります。

Lesson

09 図形に色を塗ったり線の太さを変えたりしよう

最後に、できあがったキャラクターのそれぞれのパーツに、色と線の指定をしていきましょう。

練習ファイル　0109a.ai
完成ファイル　0109b.ai

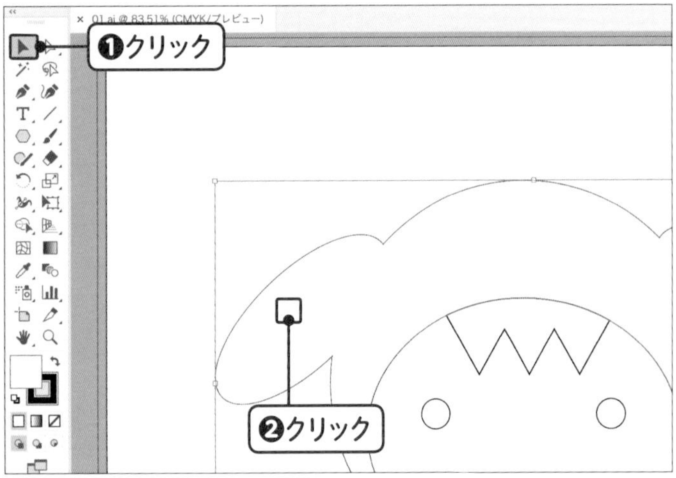

1 色を変えたい部分をクリックする

[選択] ツール をクリックし❶、耳がついた輪郭のパーツをクリックします❷。

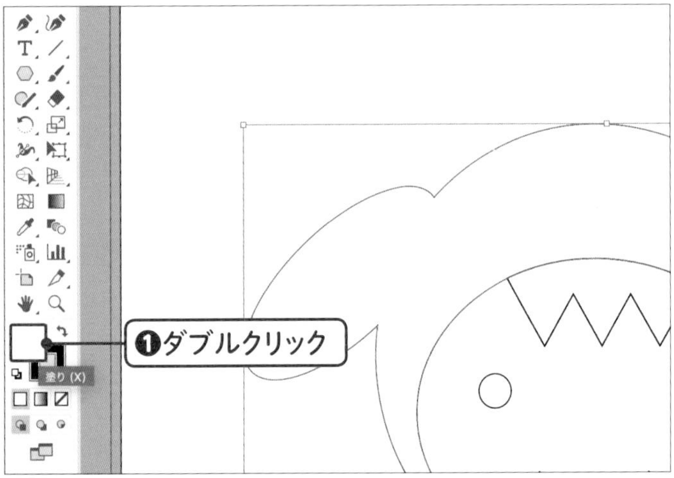

2 [塗り] をダブルクリックする

ツールパネル下部の斜めに重なった2つの四角形は、左上が[塗り]で右下が[線]の色を指定する機能です。[塗り] のボックスをダブルクリックします❶。

MEMO

[塗り] や [線] のボックスをダブルクリックする前に、必ず対象となる図形を選択しておいてください。

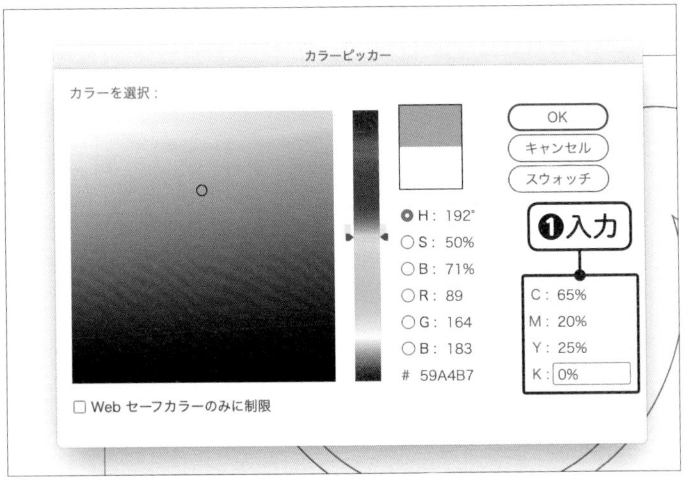

3 カラーピッカーで色を指定する

「カラーピッカー」のダイアログボックスが表示されるので、右下の「CMYK」の入力欄に、半角数字で以下のように入力します❶。「%」という文字はIllustratorが自動的に補完しますので、入力する必要はありません。

C	65	M	20	Y	25	K	0

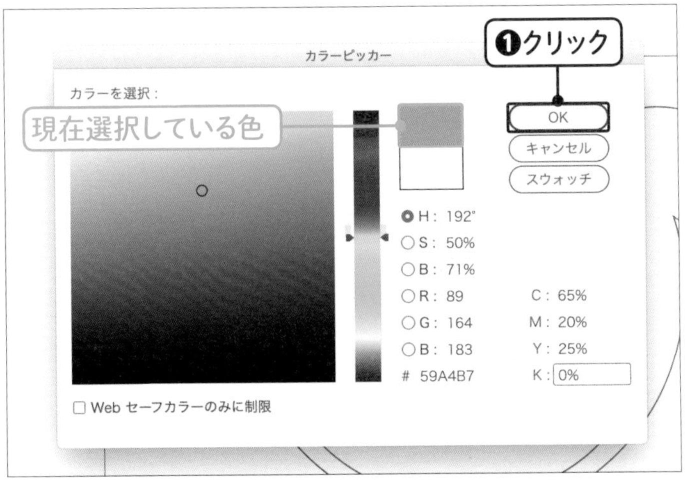

4 [OK] ボタンをクリックする

現在選択している色が濃い目の青灰色になります。[OK] ボタンをクリックします❶。

MEMO

今回の作例は、印刷用のドキュメントとして作業しているため、色の指定はCMYKで行っています。色の指定方法（カラーモード）については、P.32を参照してください。

5 輪郭のパーツの色が変わった

輪郭の塗りの色が青灰色になりました。

6 目の色を指定する

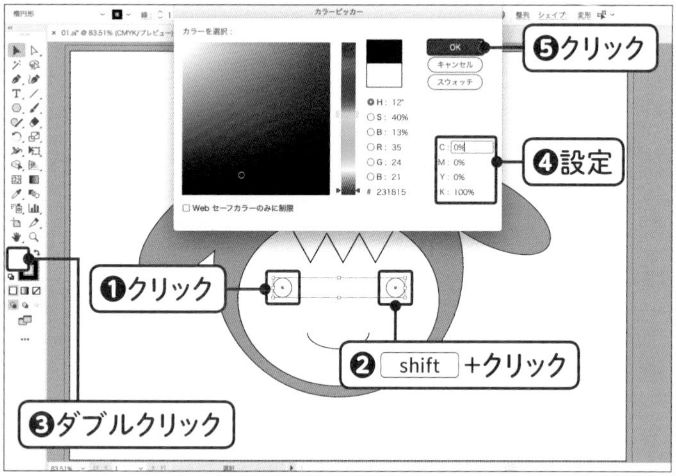

続いて目の色を黒に変更します。[選択] ツール が選択された状態で左目をクリックし❶、shift キーを押しながら右目をクリックします❷。[塗り] をダブルクリックし❸、色を以下のように設定して❹、[OK] ボタンをクリックします❺。

C	0%	M	0%	Y	0%	K	100%

7 前髪の色を指定する

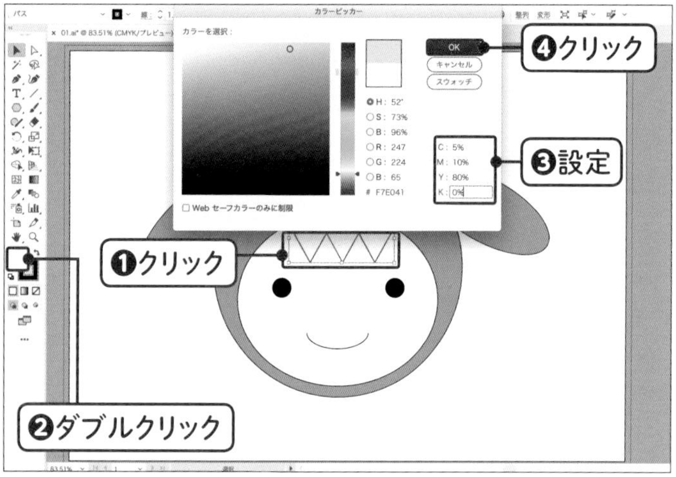

目が黒くなりました。続いて、前髪の色を黄色に変更します。[選択] ツール が選択された状態で前髪部分のパーツをクリックし❶、[塗り] をダブルクリックします❷。色を以下のように設定して❸、[OK] ボタンをクリックします❹。

C	5%	M	10%	Y	80%	K	0%

8 肌の色を指定する

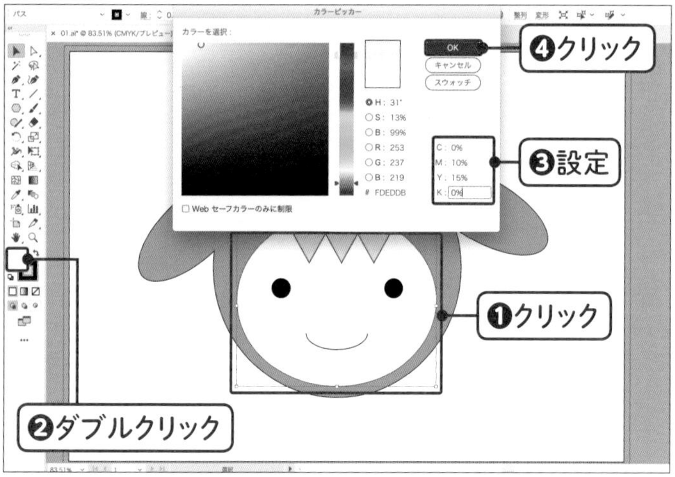

髪の色が黄色くなりました。最後に、肌の色を変えます。[選択] ツール が選択された状態で肌部分のパーツをクリックし❶、[塗り] をダブルクリックします❷。色を以下のように設定して❸、[OK] ボタンをクリックします❹。

C	0%	M	10%	Y	15%	K	0%

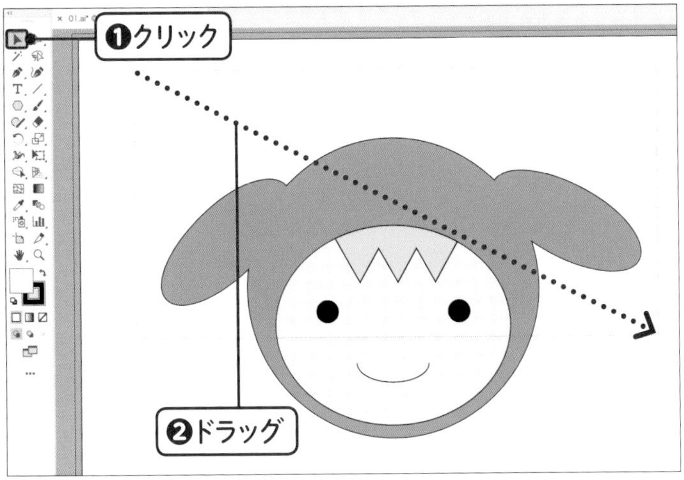

9 口以外のパーツをすべて選択する

口以外のパーツにすべて色がつきました。輪郭線がないイラストにしたいので、線の太さをなしにしてみましょう。[選択]ツール をクリックし❶、口以外のパーツ(輪郭、前髪、肌、両目)を囲むようにドラッグして選択します❷。

10 [線]のボックスをアクティブにする

口以外のパーツが選択されました。ツールパネル下部の[線]のボックスをクリックします❶。[線]のボックスが重なりの手前に出て、アクティブ(有効)な状態になります。

11 [線]を「なし」に設定する

右下にある赤い斜め線のなし をクリックすると❶、口以外のパーツの輪郭線がなくなります。

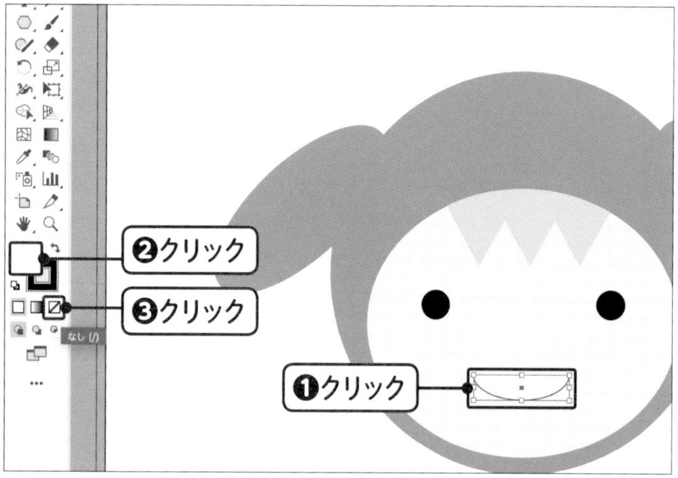

12 口のパーツの［塗り］を「なし」に設定する

続いて、口の半円に白く残っている塗りの設定もなしにしましょう。口のパーツをクリックして選択し❶、ツールパネル下部の［塗り］をクリックして❷、右下にある赤い斜め線のなし をクリックします❸。

13 口の線を太くする

口部分の塗りがなくなり、線だけになりました。最後に、口の線の太さを変更しましょう。画面右側にある［線］パネルのアイコン をクリックし❶、［線幅］の をクリックして太さを［6pt］に設定します❷。

14 キャラクターの顔が完成した

キャラクターの顔が完成しました。P.30を参考にしてファイルを保存します。

Chapter

2

下絵をなぞって線画を描こう～Illustrator

この章では、下書きの写真データをIllustratorに貼り付けて固定し、レイヤーと[鉛筆]ツールを使ってトレースする方法を解説します。自由に描いた線を活かすタイプのイラスト制作に効果的な手法です。

下絵をなぞって線画を描こう ～Illustrator

完成イメージ

この章のポイント

POINT 1 下絵とレイヤーを使って描くことができる

手描きの下絵を使って、別のレイヤーに絵を描き進めることができます。

→P.62、P.64

POINT 2 滑らかな線で描くことができる

[鉛筆] ツールの設定を調整することにより、多少マウス操作ががたついても滑らかな線で描くことができます。

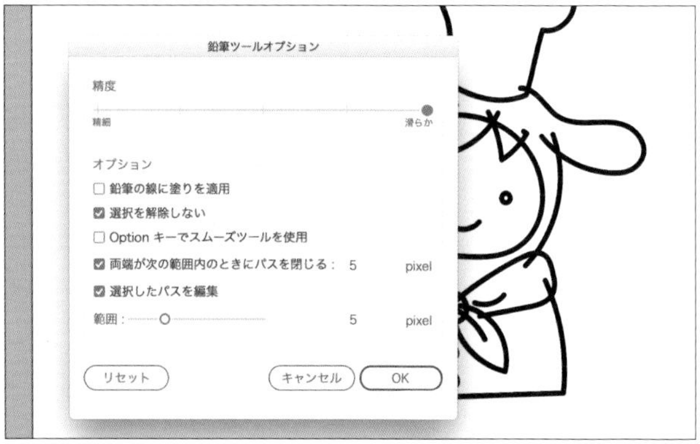

→P.66

POINT 3 あとで色を流し込むため、線に隙間を作らない

次の章でこの線画に色を流し込むため、線と線の間に隙間を作らないように描くのがポイントです。線がはみ出して余分な箇所は、次の章の操作できれいに消すことができます。

→P.70

POINT 4 何回でもやり直せる

作業を間違えても、[編集] メニュー→ [鉛筆の取り消し] の順にクリックしてやり直すことができます。

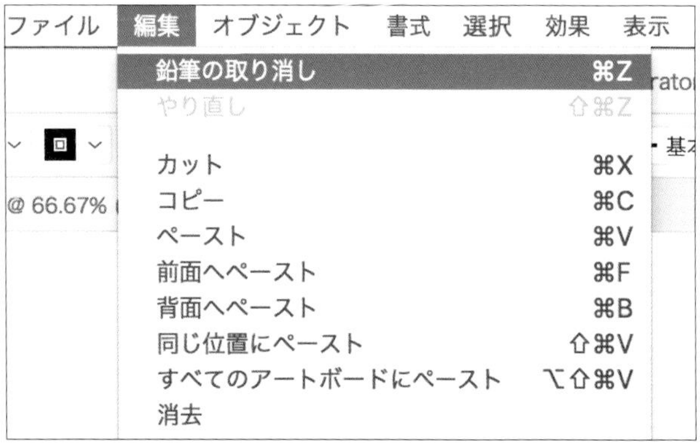

→P.72

Lesson

01

下絵の写真を用意しよう

ここでは、用意された練習ファイルの下絵写真をIllustratorのドキュメントに配置する方法について学びます。

練習ファイル　(なし)
完成ファイル　0201b.ai

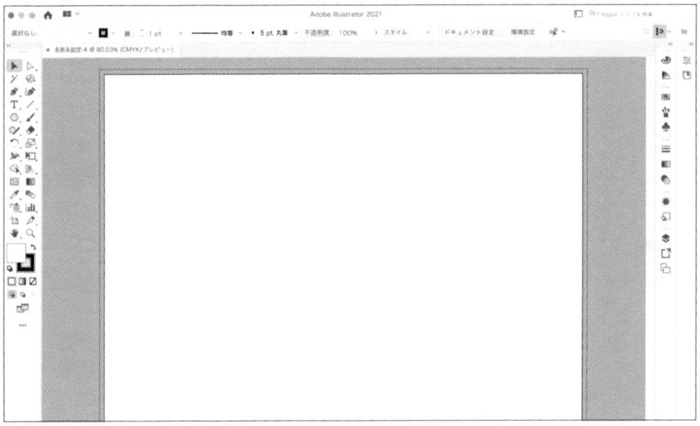

1 新規ドキュメントを作成する

P.16を参考に、[印刷]タブから[A4]サイズを選択し[方向]を「横位置」に設定して、新規ドキュメントを作成します。

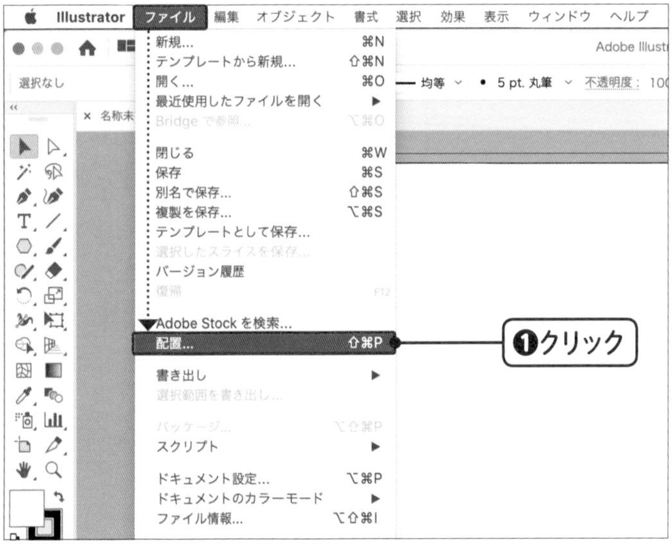

2 下絵写真を配置する

あらかじめ用意された練習ファイルの下絵写真データをIllustratorに配置していきましょう。[ファイル]メニュー→[配置]の順にクリックします❶。

MEMO

自分で描いた下絵写真を利用したい場合には、スマートフォンやデジタルカメラで写真を撮るか、スキャナーでスキャンしたデジタルデータを用意し、パソコンに取り込んでおきましょう。

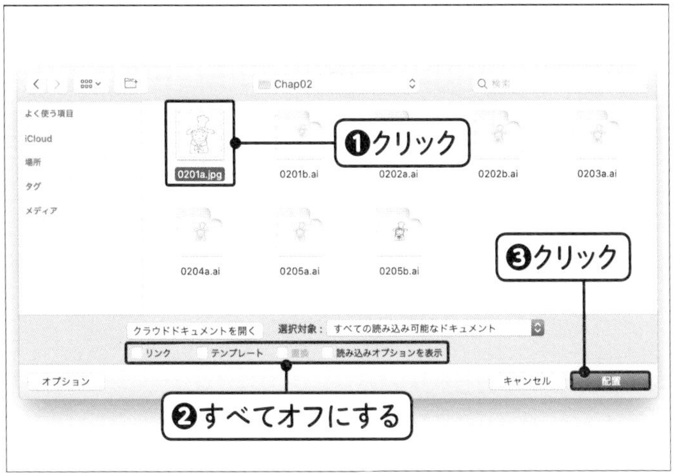

3 ファイルを選択する

[配置] ダイアログボックスが表示されるので、練習ファイルの [Chap02] フォルダから [0201a.jpg] をクリックし❶、画面下のチェックをすべてオフにして❷、[配置] ボタンをクリックします❸。

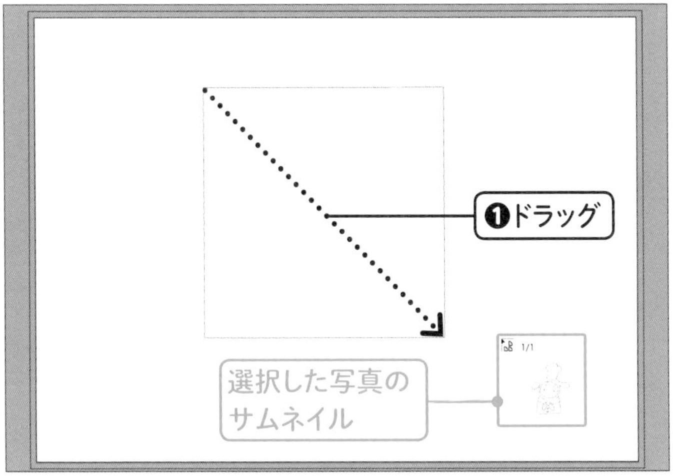

4 ドラッグして写真を配置する

マウスカーソルの右下に、選択した写真のサムネイルが表示されます。この状態のまま、写真の利用サイズを指定するようにマウスをドラッグします❶。

5 写真が配置された

ドラッグした大きさの通りに写真が配置されました。

MEMO

写真の配置が終わったら、P.30を参考にIllustratorのドキュメントを保存しておきましょう。

Lesson

02

下絵に線画を描くための レイヤーを追加しよう

練習ファイル　0202a.ai

完成ファイル　0202b.ai

ここでは、配置した写真が作業中にずれてしまわないようにロックし、線を描くための新しいレイヤーを追加する方法を練習してみます。

1 写真の位置を調整する

下絵写真をロックする前に、位置を調整しておきましょう。P.42を参考に［選択］ツール で写真をクリックして選択し、アートボードの中央あたりにドラッグして移動します❶。

MEMO

配置した写真の大きさがおかしい場合は、バウンディングボックスのハンドルを使って、大きさも変更しておきましょう。

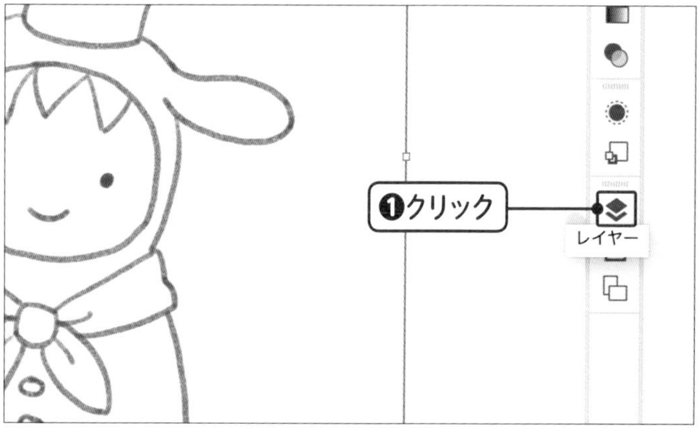

2 ［レイヤー］パネルを開く

画面右側のパネルアイコンから、［レイヤー］パネルのアイコン をクリックします❶。

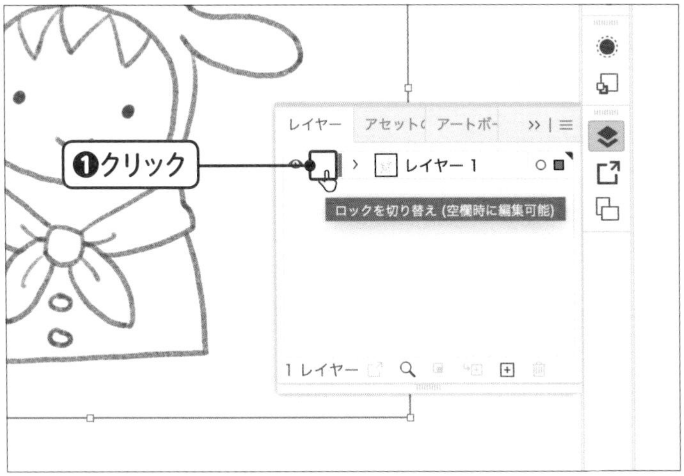

3 [レイヤー 1] をロックする

[レイヤー] パネルの中に [レイヤー 1] があり、その中には下絵写真が配置されています。レイヤー名の左側にある空白をクリックします❶。

MEMO

ロックを解除したい場合には、同じ箇所を再度クリックします。

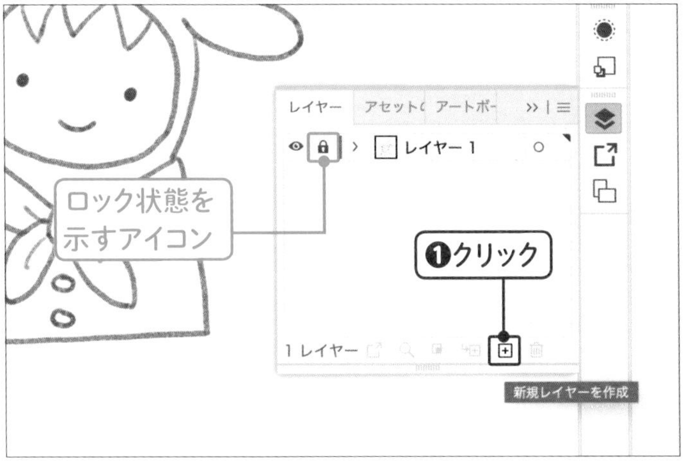

4 [新規レイヤーを作成] ボタンをクリックする

レイヤー名の左側に南京錠のアイコン が表示され、レイヤーがロックされました。続いて、[新規レイヤーを作成] ボタン をクリックします❶。

5 [レイヤー 2] が追加された

[レイヤー] パネルの中に [レイヤー 2] が追加され、線を描くための新しいレイヤーが追加されました。

MEMO

「レイヤー」とは、ひとつのIllustratorドキュメントの中に複数の透明なシートを重ねて描画できる仕組みのことです。レイヤーの重ね順は何回でも変更可能で、不要なレイヤーは削除することもできます。

Lesson 03

[鉛筆]ツールの設定を変更しよう

ここでは、自由な線を描くことができる[鉛筆]ツールの設定を、今回の作例に最適になるように変更してみます。

練習ファイル　0203a.ai
完成ファイル　(なし)

1 [鉛筆]ツールを選択する

ツールパネルの[Shaper]ツール を長押しし❶、メニューの中から[鉛筆]ツール をクリックします❷。

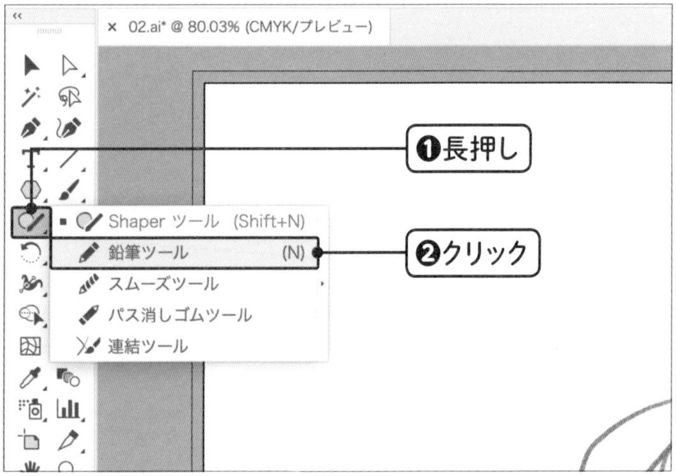

2 [鉛筆]ツールアイコンをダブルクリックする

[鉛筆]ツール が選択された状態になりました。設定画面を表示させるために、このツールアイコンそのものをダブルクリックします❶。

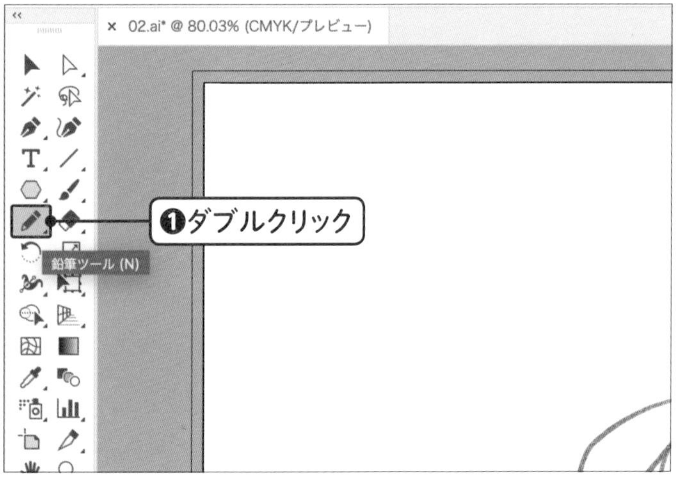

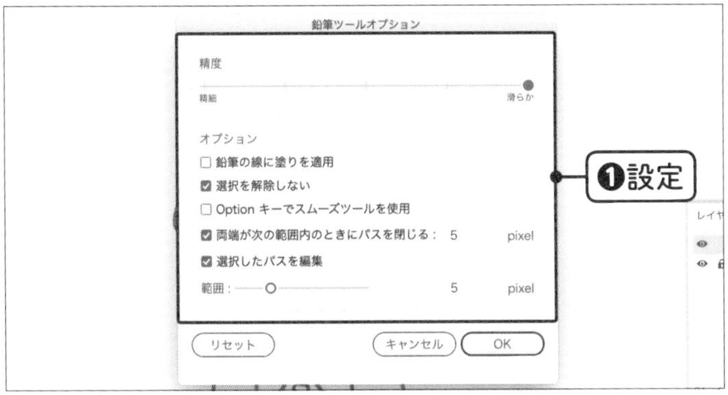

3 [鉛筆ツールオプション]の画面で設定する

[鉛筆ツールオプション]のダイアログボックスが表示されました。以下の表と同じように設定します❶。

精度	一番右の[滑らか]にスライダーを移動
鉛筆の線に塗りを適用	チェックを入れない
選択を解除しない	チェックを入れる
option（Alt）キーでスムーズツールを使用	チェックを入れない
両端が次の範囲内の時にパスを閉じる	チェックを入れて「5」pixelと入力
選択したパスを編集	チェックを入れて「5」pixelと入力

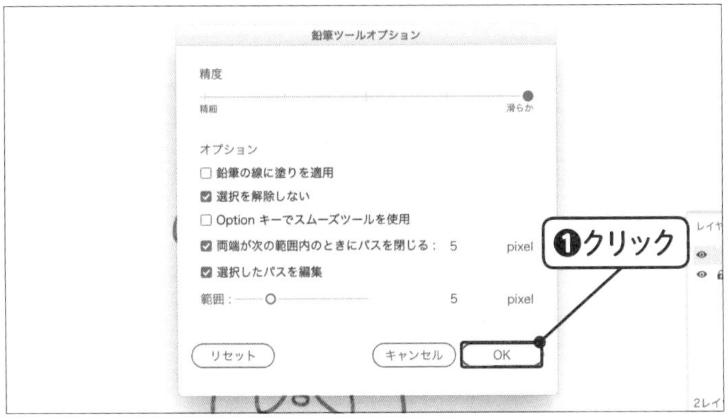

4 [OK]ボタンをクリックする

設定を終えたら、右下の[OK]ボタンをクリックして確定します❶。

Check! [鉛筆ツールオプション]の設定項目

[鉛筆ツールオプション]の設定項目の中で、重要なものについて説明します。

- [選択を解除しない]…チェックを入れると、線の描画をいったんストップしたあと再開するときに、前に描いた線と次の線を自動的につなげることができます。マウスから手を離しても、再度線をつなげて描画できるので、無理に一筆書きをしなくても大丈夫な設定になります。
- [両端が次の範囲内の時にパスを閉じる]…チェックを入れると、描き始めと描き終わりが指定した距離に近づいたとき、線が閉じて輪っかの状態になります。

Lesson

04 描く線の太さや角の形を変更しよう

いよいよ、描く前の設定に関する最終項目です。ここでは、線の太さや角の形を変更していきます。

練習ファイル　0204a.ai
完成ファイル　（なし）

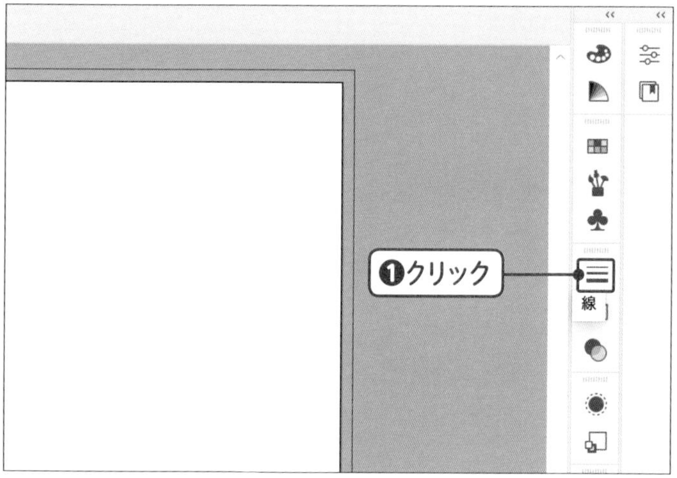

1 [線] パネルを開く

画面右側のパネルアイコンから、[線] パネルのアイコン をクリックします❶。

MEMO

[線] パネルのアイコンが見つからないなど、パネルの表示が変わってしまった場合は、P.29を参考に画面を初期状態に戻してください。

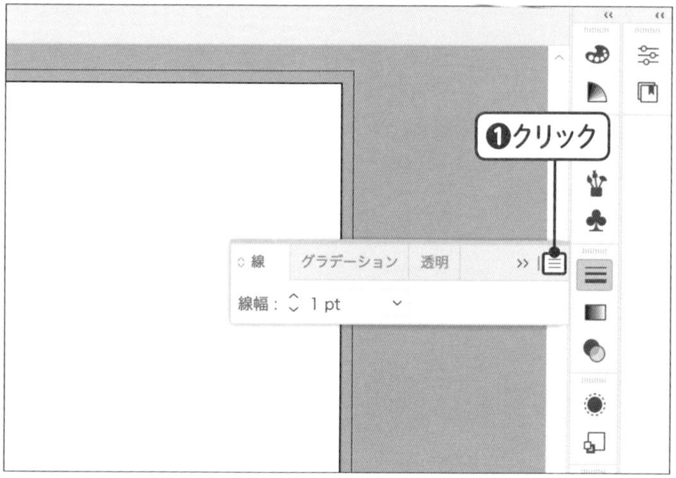

2 オプションを表示させる

[線] パネルが開きました。そのままでは設定項目が1つしかないので、オプションを表示させて詳細設定できるようにします。パネル右上の3本線のメニューアイコン をクリックします❶。

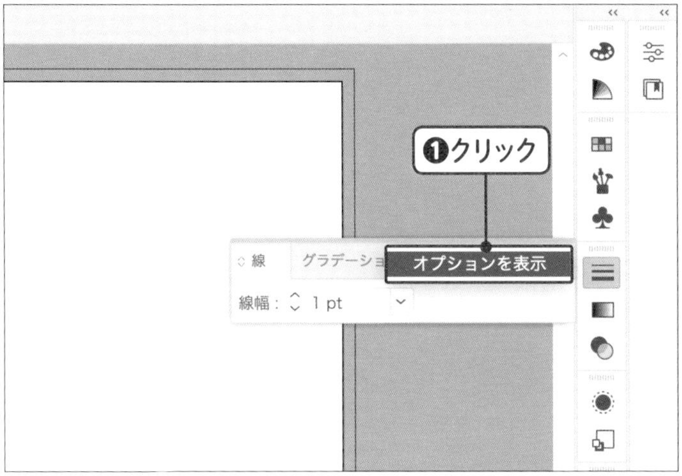

3 [オプションを表示]をクリックする

[オプションを表示]という項目が表示されるのでクリックします❶。

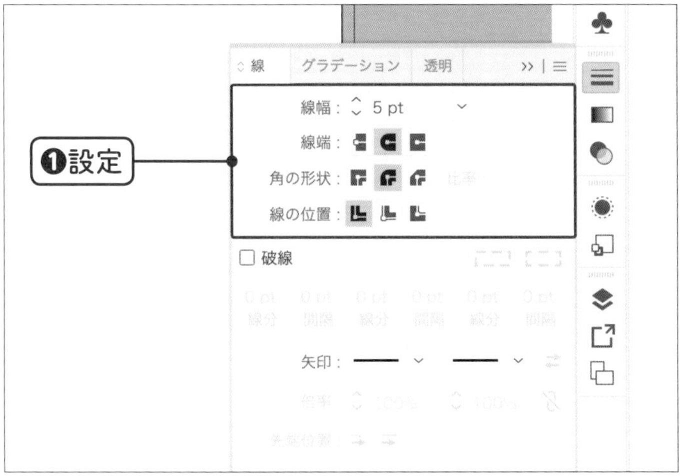

4 [線]パネルで詳細を設定する

オプション項目が表示されるので、以下のように設定します❶。[破線]より下の項目はそのままにします。

線幅	5pt
線端	丸形線端（中央のアイコン）
角の形状	ラウンド結合（中央のアイコン）
線の位置	線を中央に揃える（左端のアイコン）

5 線の設定が完了した

線の設定が完了し、絵を描ける状態になりました。

Lesson
05 下絵をなぞって線画を描こう

練習ファイル　0205a.ai
完成ファイル　0205b.ai

ここまでの設定で、描画を開始できる準備が整いました。それでは、下絵を元になぞって（トレースして）線画を描き進めていきましょう。

1 帽子の部分からスタートする

[鉛筆] ツール をクリックします❶。描画はどこから始めてもかまいませんが、ここでは帽子から描き始めます。帽子の左下からドラッグしてなぞります❷。

2 一周する途中でマウスから手を離してみる

引き続き、帽子を一周するように右側にドラッグしてなぞります❶。慣れないうちは、一筆書きのように描くのは難しいでしょう。帽子を一周する途中でマウスから手を離してもかまいません❷。

3 途中から線をつなげて描く

いったんマウスから手を離し、線を描くのを途中で止めました。線の最後の部分にマウスカーソルを重ねると、右下に[／]印が表示されます❶。これが表示されると、線をつなげて描くことが可能です。

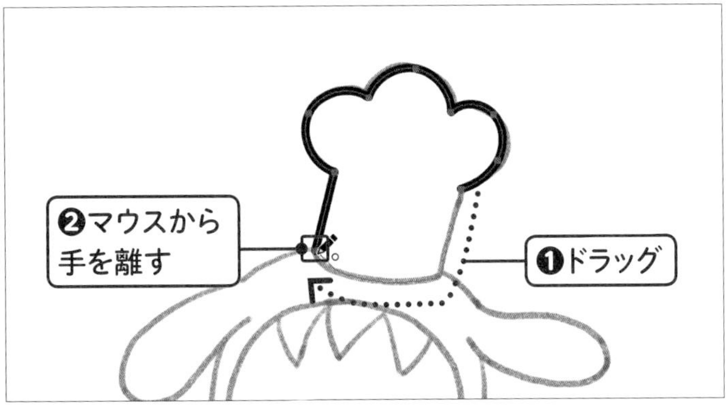

4 書き始めた位置で線をつなげて輪になった状態にする

[／]印が表示された位置から、線をつなげて描くことができました。そのまま一周し、最初に描き始めた位置までドラッグしてなぞります❶。右下に[○]印が表示されたら、マウスから手を離します❷。

5 左側の耳を描く

[○]印が表示された位置で線がつながり、帽子の周囲の線が輪っかの状態になりました。続いて向かって左側の耳の部分をドラッグしてなぞっていきます❶。

MEMO

次の章で、この線画に色をつける作業をします。その際、線と線の間に隙間があると色をうまく流し込むことができません。描き始める際、必ず帽子の線と交差する位置から描き始めましょう。

6 輪郭線を描く

左側の耳の線が描けました。次に顔の左側の輪郭線を、耳の線と交差するようにドラッグして描きます❶。

MEMO

意図せず線がつながってしまった場合は、［編集］メニュー→［鉛筆の取り消し］の順にクリックしてやり直すか、離れた場所のパーツを先に描きます。

7 すべてのパーツをなぞっていく

このあと、「隙間ができないよう、線の端を交差させて描く」、「つなげたくないときは離れた場所のパーツを描く」というポイントを押さえ、残りのすべてのパーツを描きます。

8 線画が完成した

すべてのパーツを描き終わったら、［レイヤー］パネルのアイコン をクリックして開き❶、［レイヤー1］の一番左側にある［表示の切り替え］ボタン をクリックすると❷、下絵が非表示になり、描いた線だけが表示されます。P.30を参考にしてファイルを保存します。

Chapter

3

線画に色を塗ろう ～Illustrator

ここでは、第２章で描いたキャラクターの線画をベースに、[ライブペイント] ツールを使って着色していきます。線と線が重なってできた領域に自由に色を流し込むことができるので、大変便利なツールです。

線画に色を塗ろう ～ Illustrator

完成イメージ

この章のポイント

POINT 1 画面をズームすることができる

細かい作業をするときには、[ズーム] ツールを使って画面を拡大表示することができます。

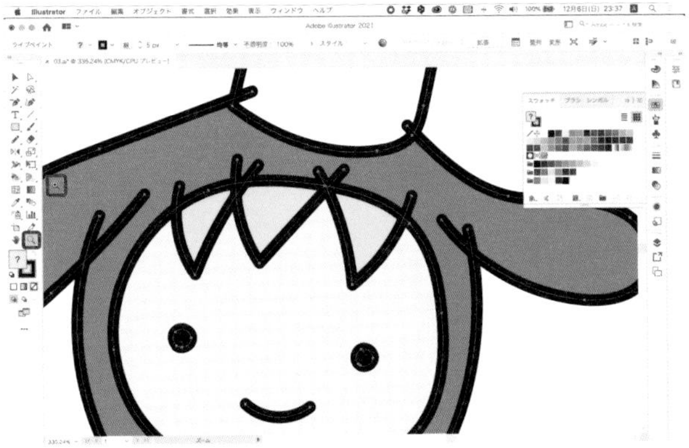

→ P.82

POINT 2 線で囲まれた領域に色を流し込める

[ライブペイント] ツールを使い、線で囲まれた領域に色を流し込むことができます。

→ P.78

POINT 3 はみ出した余分な線を消すことができる

[ライブペイント選択] ツールを使うと、はみ出した余分な線を削除することができます

→ P.82

POINT 4 他のアプリケーションで使えるようイラストを登録できる

描き終わったイラストを[CCライブラリ]パネルに登録すると、他のドキュメントやアプリケーションで再利用可能な素材として保存しておくことができます。

→ P.84

Lesson
01 利用する配色テーマを準備しよう

練習ファイル　0301a.ai
完成ファイル　（なし）

ここでは、アドビが提供する[Adobe Color]というサービスを利用して、あらかじめ用意されている5色の配色テーマをダウンロードする方法について学びます。

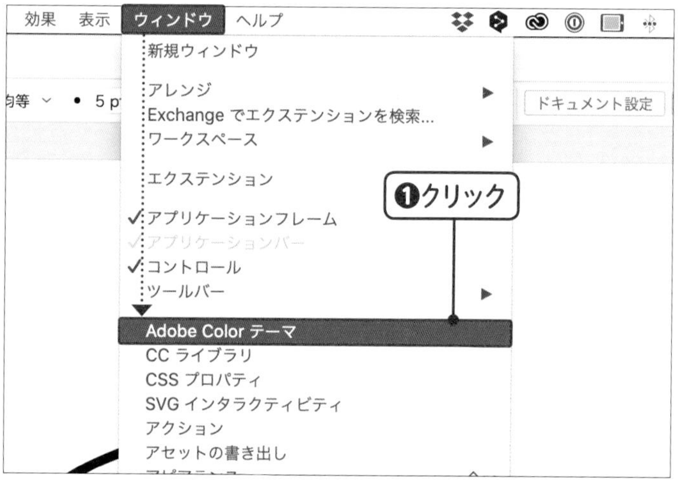

1 [Adobe Color テーマ] パネルを開く

あらかじめ、第2章で制作した線画（または、練習ファイルの0301a.ai）を開いておきます。続いて、[ウィンドウ] メニュー→[Adobe Color テーマ] の順にクリックします❶。

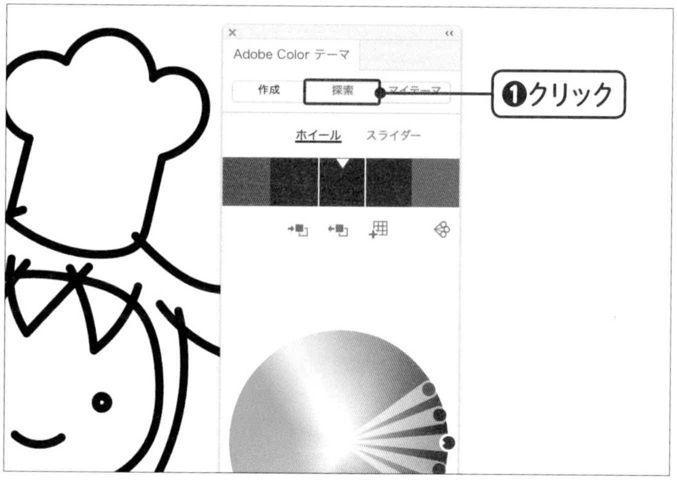

2 [探索] 画面に移動する

[Adobe Color テーマ] パネルが開きます。パネル上部中央の [探索] ボタンをクリックします❶。

MEMO

[Adobe Color テーマ] パネルを利用するためには、お使いのパソコンがインターネット回線に接続されている必要があります。

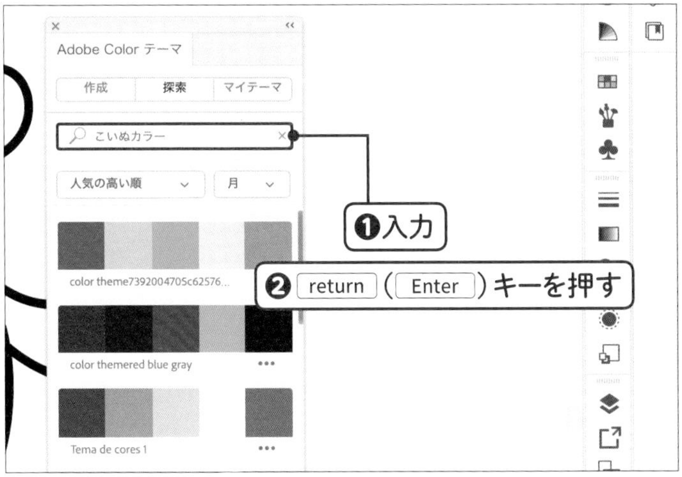

3 キーワードで検索する

登録されている配色テーマの一覧が表示されました。キーワードを使って配色の検索を行います。［検索］入力欄に「こいぬカラー」と入力し❶、return キー（Windowsでは Enter キー）を押します❷。

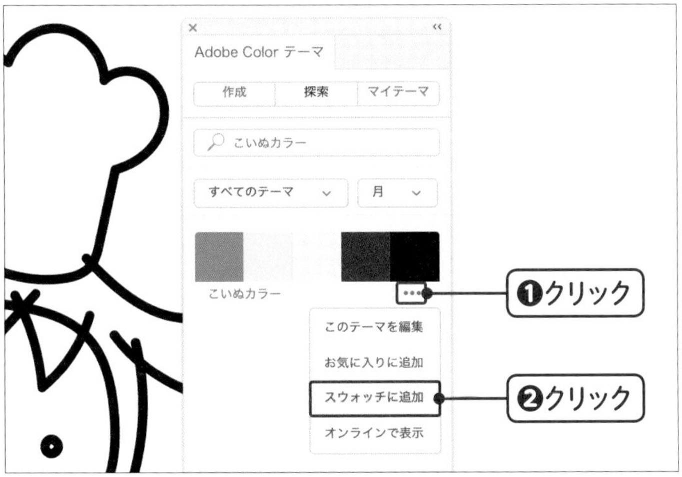

4 スウォッチに追加する

筆者があらかじめ［Adobe Color］に登録しておいたテーマ「こいぬカラー」が表示されました。右下の［…］ボタンをクリックし❶、［スウォッチに追加］をクリックします❷。

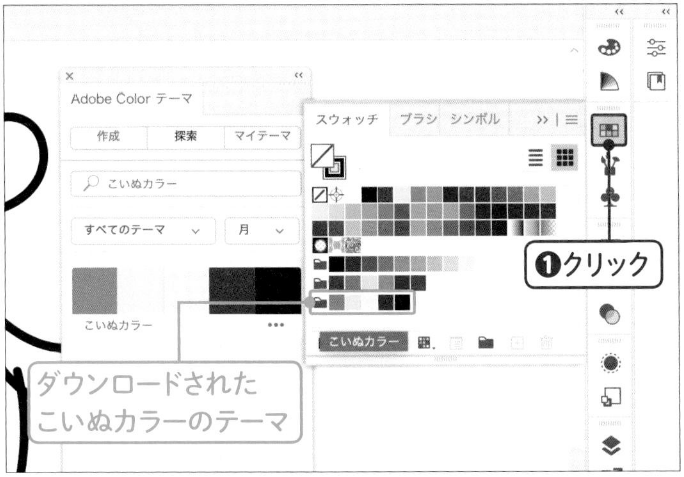

5 ［スウォッチ］パネルにテーマが登録された

テーマがダウンロードされたことを確認してみましょう。画面右側のパネルアイコンから［スウォッチ］パネルのアイコン をクリックして開くと❶、一番下に「こいぬカラー」という名前のテーマが登録されているのがわかります。

Lesson

02 ［ライブペイント］ツールを使って線画に色を塗ろう

練習ファイル　0302a.ai
完成ファイル　0302b.ai

次のステップとして、［スウォッチ］パネルに登録された色と［ライブペイント］ツールを利用して、線画に色を流し込んでいきましょう。

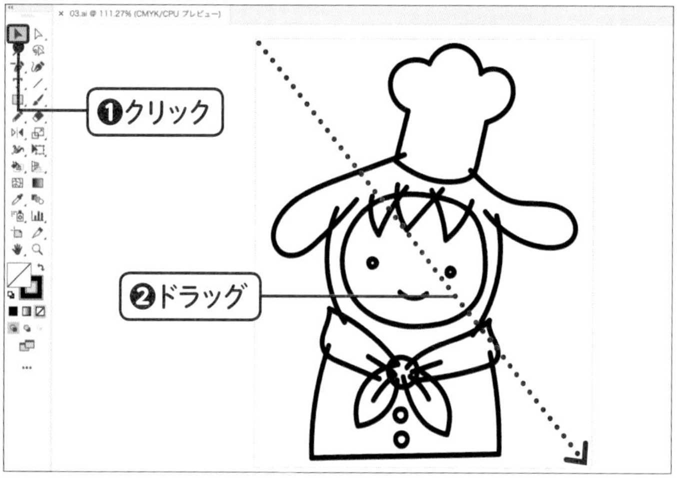

1 線画をすべて選択する

［ライブペイント］ツールを使う前に、色を流し込みたい線画をすべて選択しておく必要があります。［選択］ツール をクリックし❶、線画をすべて囲むようにドラッグして選択します❷。

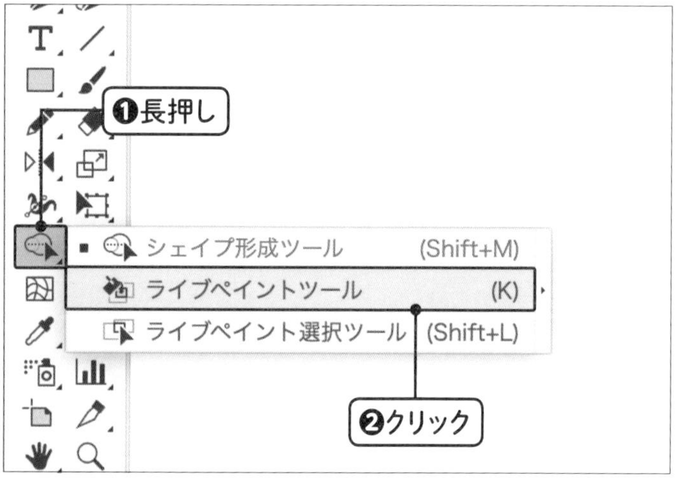

2 ［ライブペイント］ツールを選択する

選択したら、ツールパネルの［シェイプ形成］ツール を長押しして❶、［ライブペイント］ツール をクリックします❷。

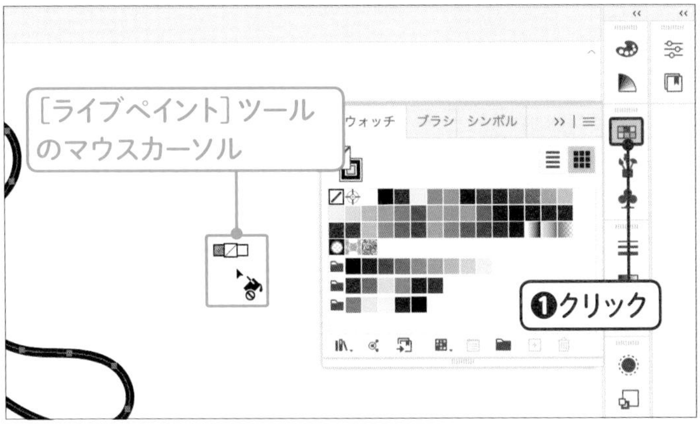

3 [スウォッチ] パネルを開く

[ライブペイント] ツール が選択され、[ライブペイント] ツールのマウスカーソルが表示されました。流し込む色を選択するため、[スウォッチ] パネルのアイコン をクリックして開きます❶。

4 利用する色を選ぶ

P.76で追加したテーマ「こいぬカラー」の一番左側にある、青灰色の四角形をクリックします❶。

5 流し込む箇所をクリックする

マウスカーソル上にある四角形の中央部分に、選択した色が表示されました。クリックした箇所にこの色を流し込むことができます。耳の内側をクリックします❶。

MEMO

[ライブペイント] ツールのマウスカーソル上に表示された3つの四角形は、スウォッチパネル内部の色と連動しています。中央の四角形が現在選択している色、左右の四角形はその両隣の色です。

6 色が流し込まれた

クリックした領域に青灰色が流し込まれました。

MEMO

[ライブペイント]ツールを使って色を流し込まれた線画は、グループ化された「ライブペイントグループ」となり、1つの図形のように扱われます。

7 隙間オプションを選択する

線画に多少の隙間があっても色を流し込めるように設定します。[オブジェクト]メニュー→[ライブペイント]→[隙間オプション]の順にクリックします❶。

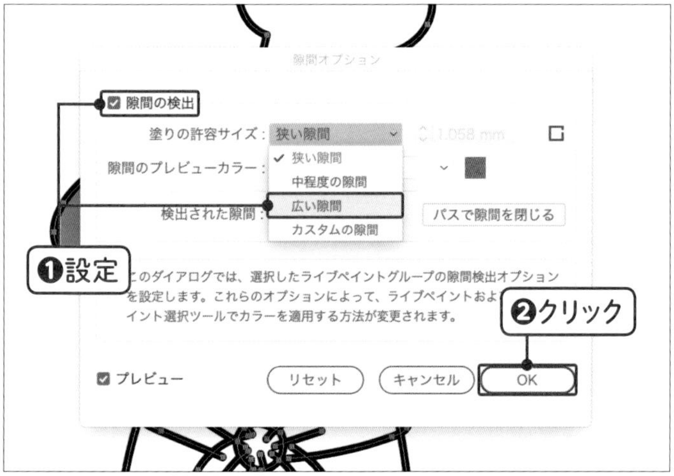

8 隙間オプションを設定する

隙間オプションの詳細を以下のように設定し❶、[OK]ボタンをクリックします❷。この設定を行うと、描画した線に多少隙間があっても色を流し込めるようになります。

隙間の検出	チェックを入れる
塗りの許容サイズ	「広い隙間」を選択する

9 次に使う色を選択して塗りつぶす

[スウォッチ]パネルで「こいぬカラー」の左から2番目の黄色をクリックし❶、前髪部分とボタンの中をそれぞれクリックします❷。

10 5色を使って塗りつぶす

前髪とボタンの中身を塗りつぶすことができました。このあとは、図と以下を参考に色を流し込みましょう。

耳と顔の輪郭	青灰色
前髪とボタン	黄色
顔	うすだいだい
スカーフ	えび茶色
目	黒

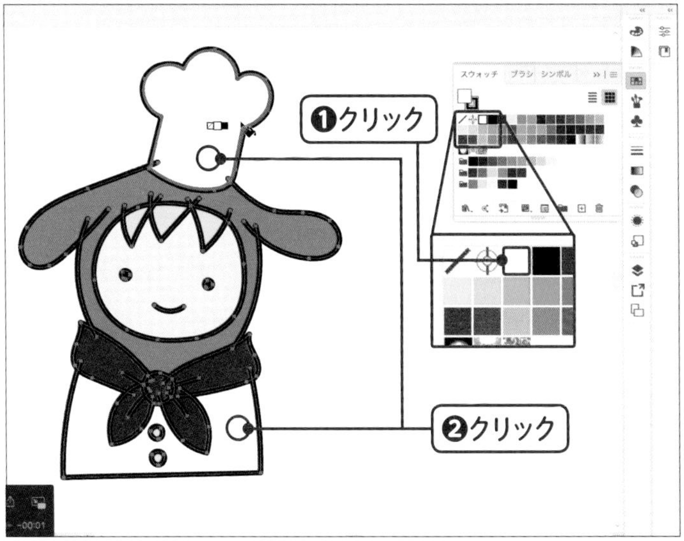

11 帽子と上着を[ホワイト]で塗りつぶす

5色をすべて使い、塗りつぶしました。しかし、帽子と上着が透明のままです。[スウォッチ]パネルの[ホワイト]をクリックし❶、帽子と上着の領域をクリックします❷。

MEMO

塗りつぶしたい範囲が細かく分かれてしまっている場合は、すべての領域をていねいに塗りつぶしましょう。

Lesson

03 はみ出した線を削除しよう

［ライブペイント］ツールで色を流し込み終わったら、仕上げに［ライブペイント選択］ツールを使って余分な線を削除し、絵を整えていきましょう。

練習ファイル　0303a.ai
完成ファイル　0303b.ai

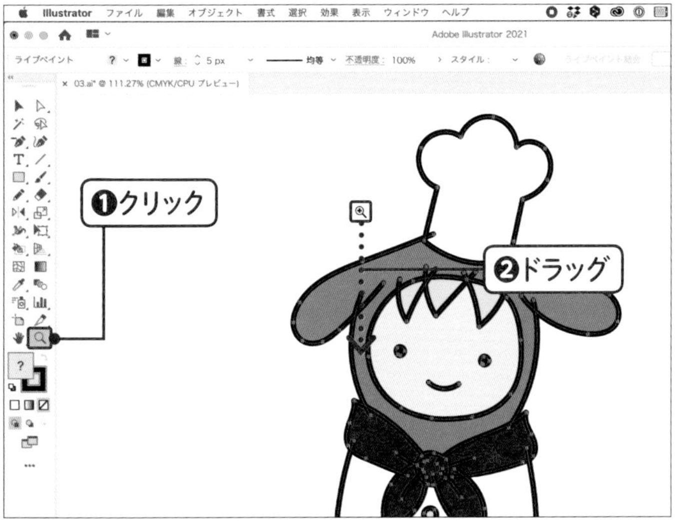

1 ［ズーム］ツールで作業範囲にズームインする

このあとは細かい作業が続きますので、画面表示を拡大しましょう。ツールパネルから［ズーム］ツール をクリックし❶、拡大したい部分で上から下方向にドラッグします❷。

MEMO

逆に画面全体を見たい場合は、［ズーム］ツールで下から上方向にドラッグします。

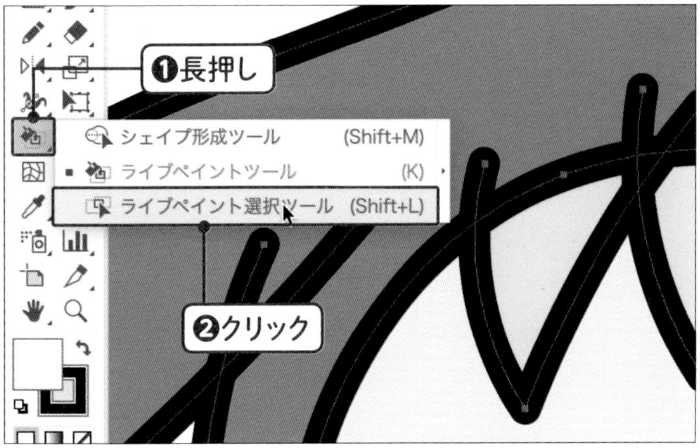

2 ［ライブペイント選択］ツールを選択する

ドラッグした部分が拡大されます。ツールパネルの［ライブペイント］ツール を長押しし❶、［ライブペイント選択］ツール をクリックします❷。

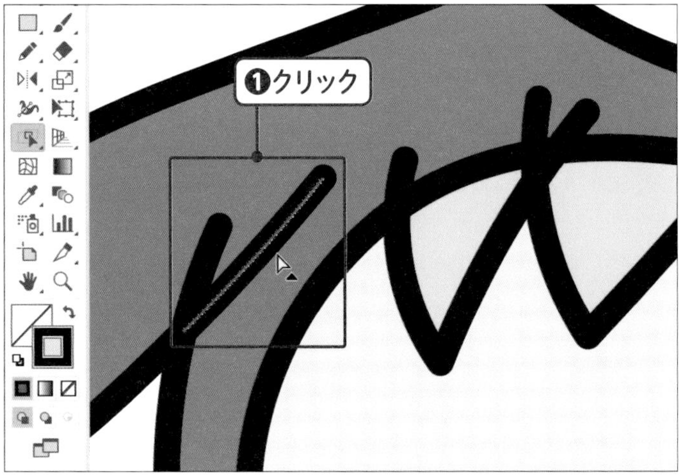

3 線がはみ出した部分をクリックする

図を参考に、はみ出した線の部分の真上にマウスカーソルを重ね、赤い色でパスが表示されたタイミングでクリックします❶。

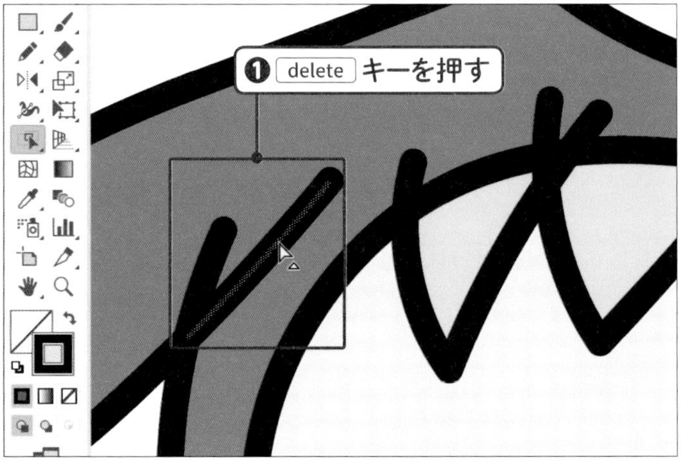

4 選択された部分を削除する

クリックした部分にアミがかかったような表示になり、はみ出した部分の線が選択されました。キーボードの delete キーを押します❶。

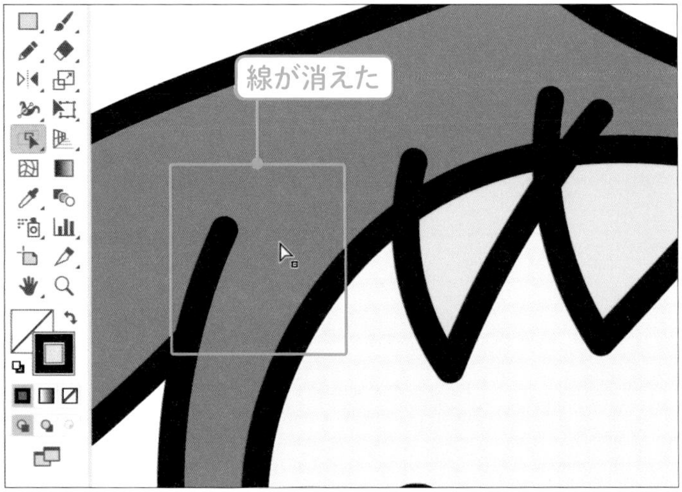

5 はみ出した部分が削除された

はみ出した部分の線だけが削除されました。同様にして、すべての不要な線を削除します。P.30を参考にしてファイルを保存します。

MEMO

間違えて削除したくない部分を消してしまった場合は、command キー（Windowsでは Ctrl キー）を押しながら Z キーを押して作業をやり直しましょう。

Lesson

04

完成したイラストを[CCライブラリ]に登録しよう

練習ファイル　0304a.ai

完成ファイル　（なし）

すべての不要な線を削除したら、キャラクターのイラストは完成です。これを他のドキュメントやアプリケーションでも利用できるように、[CCライブラリ]に登録しておきましょう。

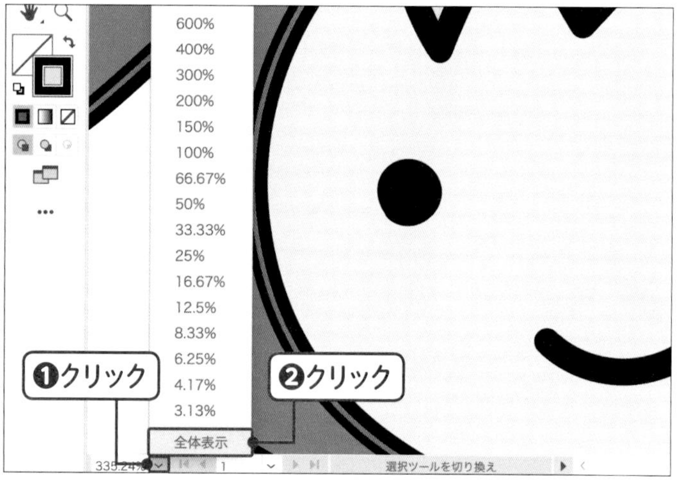

1 画面を全体表示させる

画面を全体表示に戻します。画面左下の［○○%］が表示されている部分のメニューボタン をクリックし❶、［全体表示］をクリックします❷。

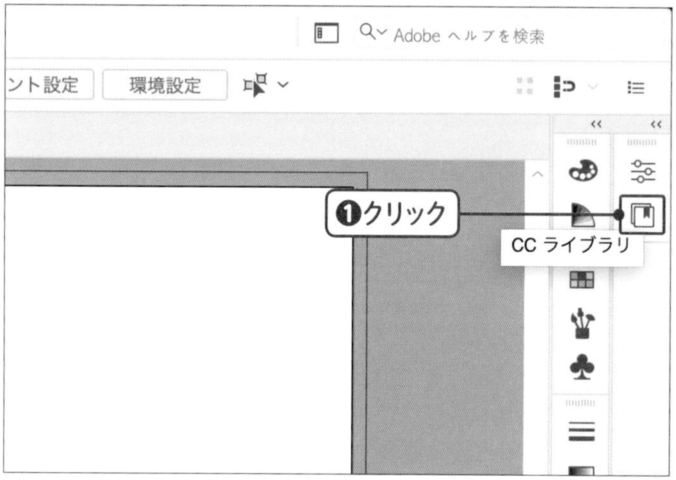

2 [CCライブラリ] パネルを表示させる

アートボード全体が表示されました。［CCライブラリ］パネルを表示します。画面右側のパネルアイコンから、［CCライブラリ］パネルのアイコン （［CCライブラリ］パネルが開いている場合は［CCライブラリ］タブ）をクリックします❶。

3 新規ライブラリを作成する

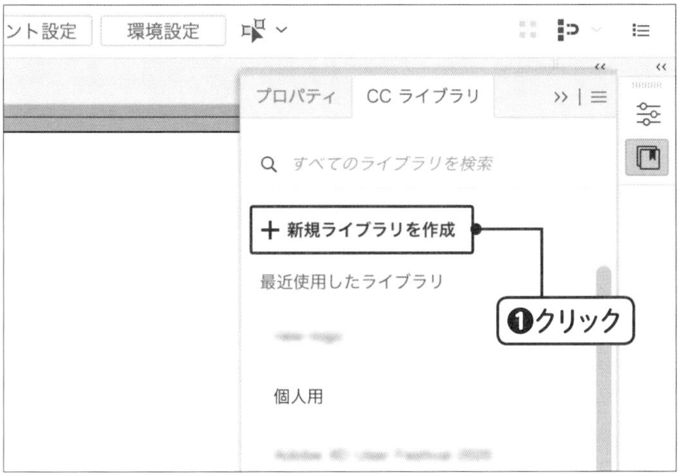

[CCライブラリ] パネルが表示されました。このパネルの中には、素材を整理整頓する「ライブラリ」を複数作成することができます。パネル上部に表示された [+新規ライブラリ作成] をクリックします❶。

4 新規ライブラリに名前を付ける

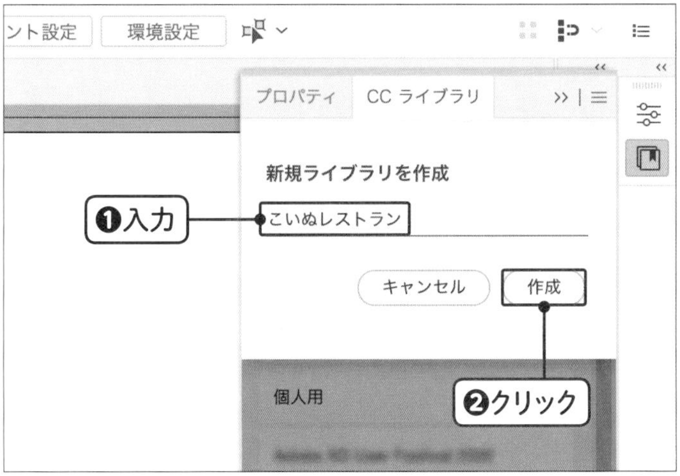

新規ライブラリを作成するダイアログボックスが表示されます。[ライブラリ名] の入力欄に「こいぬレストラン」と入力し❶、[作成] ボタンをクリックします❷。

5 新しいライブラリができた

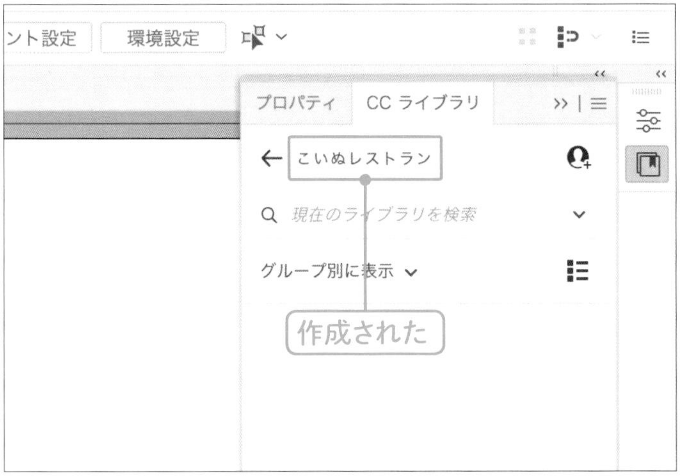

新しいライブラリ「こいぬレストラン」が作成され、さまざまな内容を登録できる状態になりました。

6 [選択] ツールでイラストを選択する

「こいぬレストラン」ライブラリが作成されました。この中にイラストを登録していきます。[選択] ツール をクリックし❶、グループになっているイラストをクリックします❷。

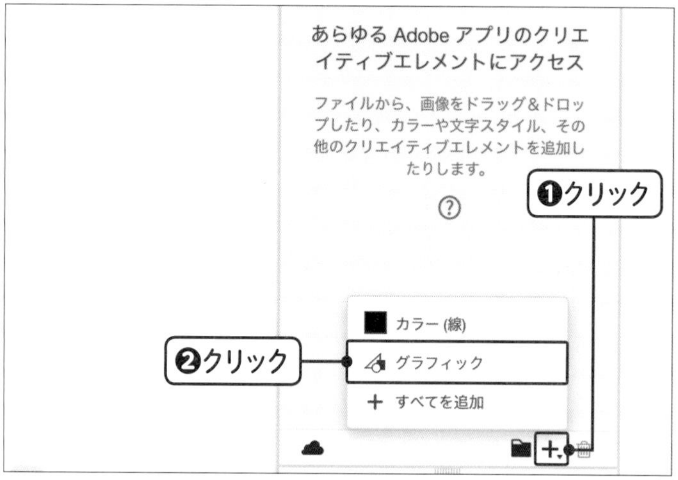

7 [グラフィック] として追加する

[CCライブラリ] パネル下部にある [+] ボタンをクリックし❶、[グラフィック] をクリックします❷。

MEMO

[ライブラリ]パネルには、選択したオブジェクトをグラフィックとして登録したり、色や文字のスタイルだけを抽出して登録したりすることができます。

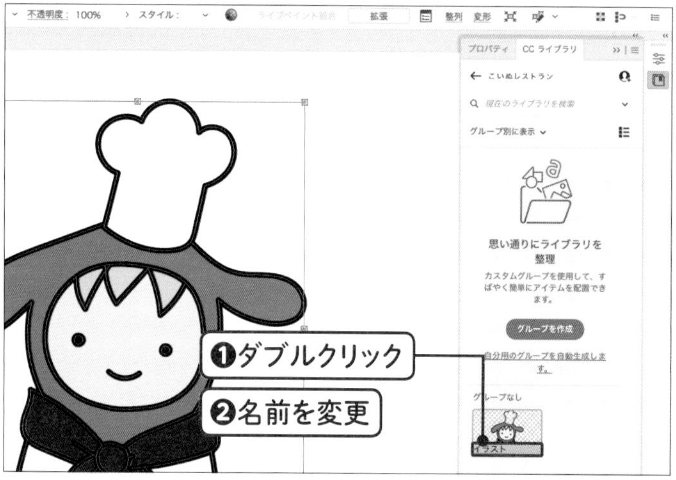

8 ライブラリにイラストが追加された

確認画面が表示された場合は、[OK] ボタンをクリックします。ライブラリにイラストが登録されました。追加されたグラフィックには個別に名前を付けることができるので、[アートワーク1] となっている文字の上をダブルクリックし❶、「イラスト」に名前を変更します❷。

Chapter

4

ロゴタイプを作ろう〜 Illustrator

この章では、Illustratorの［文字］ツールを使ってお店の名前を入力し、好みのフォントを指定する方法を学びます。さらに文字を自由に移動させてから図形に変換し、オリジナルのロゴタイプを作成します。

ロゴタイプを作ろう
～Illustrator

完成イメージ

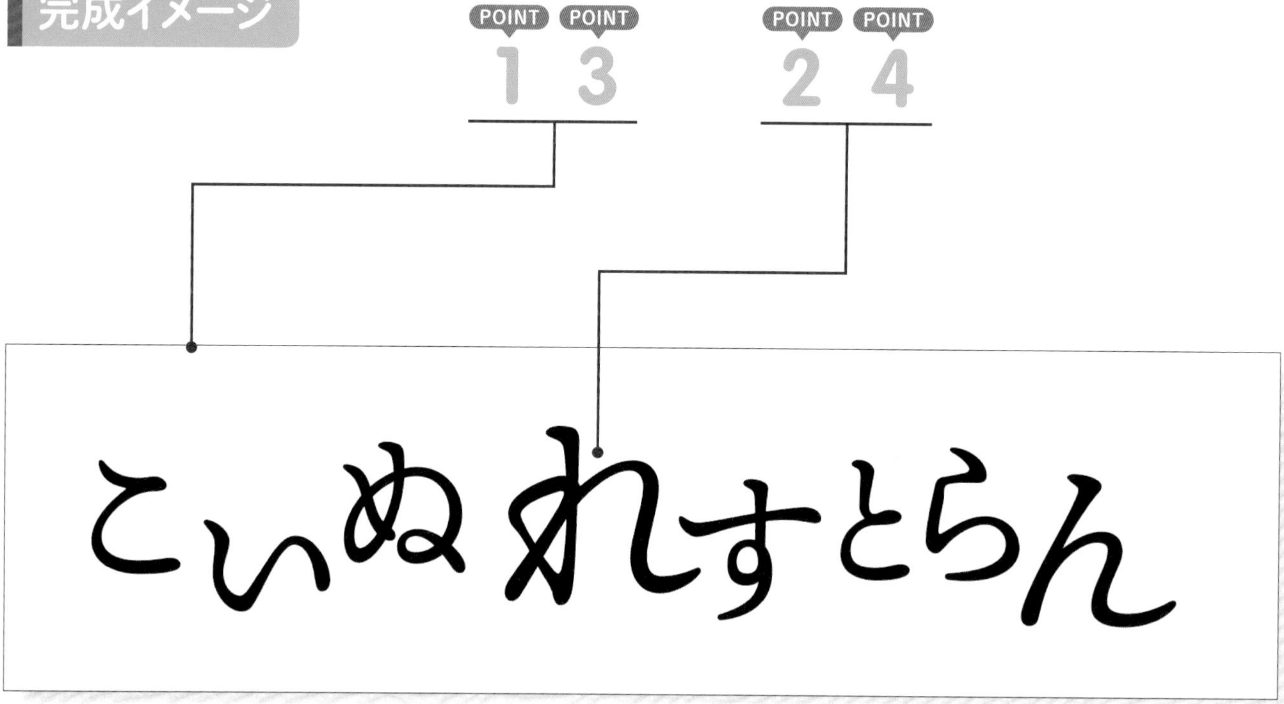

この章のポイント

POINT 1 文字入力をする

[文字] ツールを使って、文字を入力することができます。

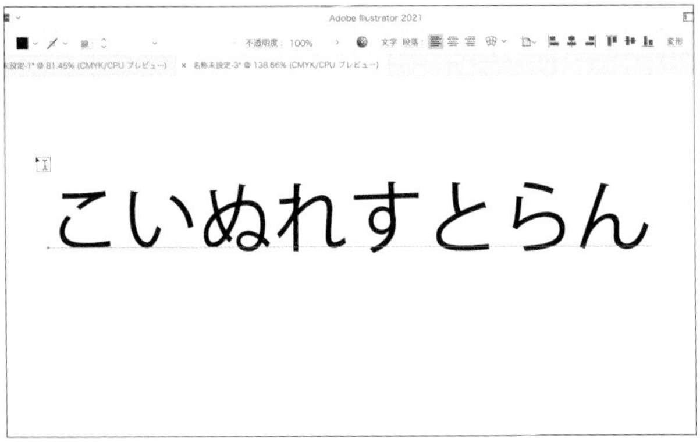

→ P.90

POINT 2 文字の大きさとフォントを変更する

入力した文字の大きさやフォントを変更することができます。

→ P.92、P.94

POINT 3 Adobe Fontsを利用する

アドビが提供するフォントサービスを使って、自分が持っていないフォントをダウンロードして利用できます。

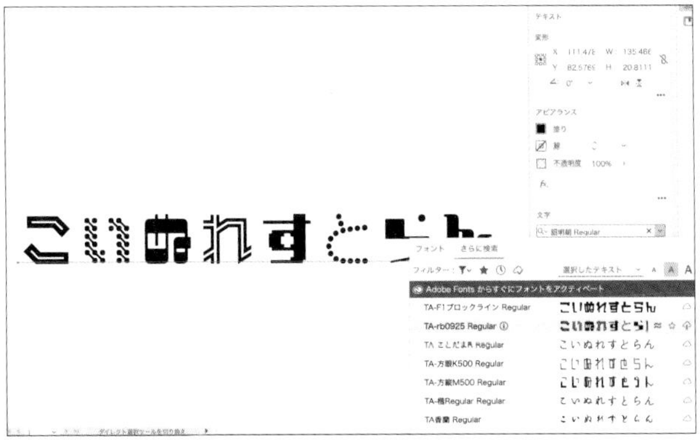

→ P.94

POINT 4 文字を自由な配置にする

[文字タッチ] ツールを使い、個々の文字の位置や大きさを自由に変更することが可能です。

→ P.98

Lesson 01

文字を入力しよう

練習ファイル　（なし）
完成ファイル　0401b.ai

ここでは、Illustratorを使った文字入力の方法を練習します。文字を扱えるようになると、作成できる作品の幅がぐっと広がりますので、しっかり操作を覚えましょう

1　新規ドキュメントを作成する

P.16を参考に、[印刷] タブから [A4] サイズを選択し [方向] を「横位置」 に設定して、新規ドキュメントを作成します。

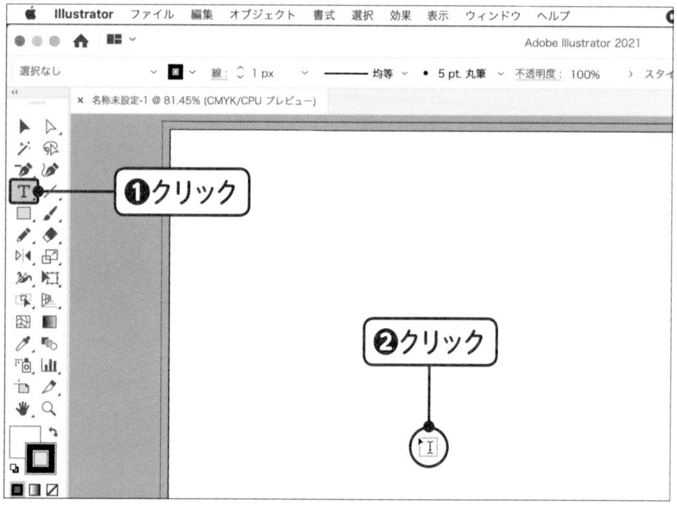

2　文字ツールを選択してアートボード上でクリックする

ツールパネルから [文字] ツール クリックし❶、アートボードの中央をクリックします❷。

3 ダミーテキストが表示された

「山路を登りながら」というダミーテキストが表示されました。テキストは反転表示（黒字に白文字）になっており、この上にテキストを上書き入力することが可能です。

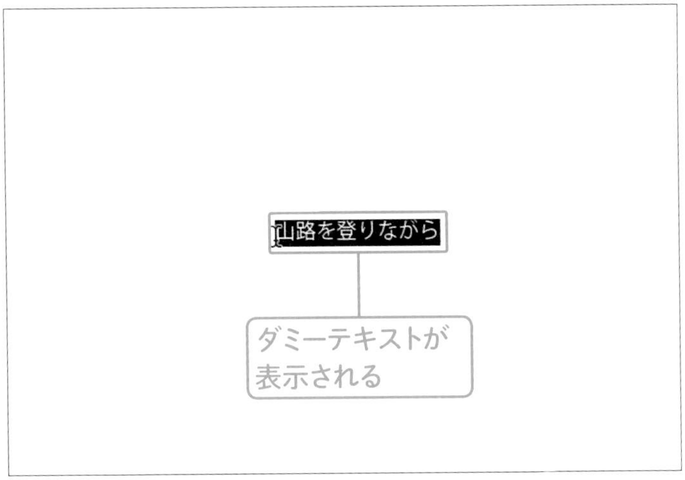

4 ダミーテキストを上書きする

ダミーテキストが反転表示されたままの状態で、キーボードをひらがな入力に切り替えて、「こいぬれすとらん」と入力します❶。

5 文字が入力された

文字が入力されました。[選択]ツール をクリックすると❶、文字の周囲にバウンディングボックスが表示され、文字列が選択された状態になります。

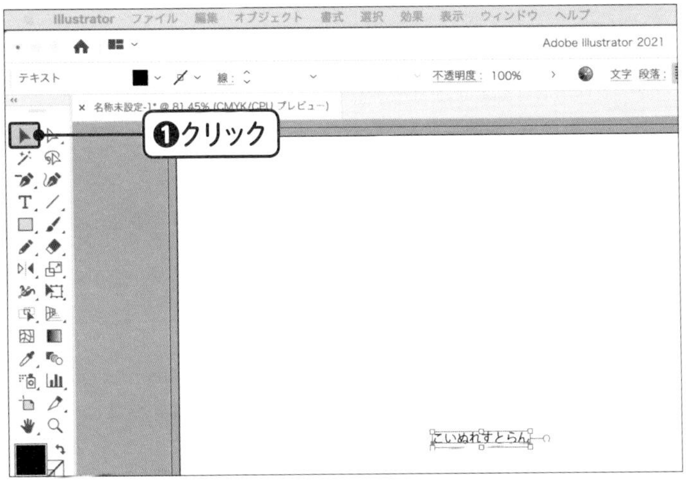

Lesson

02

入力した文字のサイズを変更しよう

練習ファイル　0402a.ai
完成ファイル　0402b.ai

ここでは、入力した文字を自分の好きな大きさに変更する方法を学びます。数値を入力して、指定した大きさにすることが可能です。

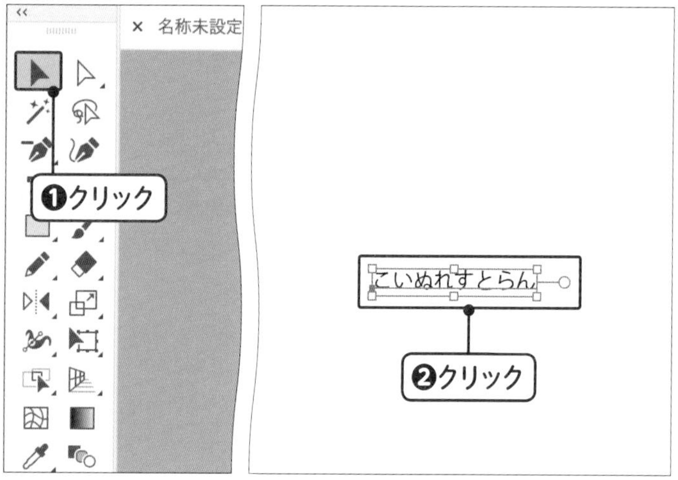

1 入力された文字列を選択する

[選択] ツール をクリックし❶、文字列「こいぬれすとらん」をクリックして❷、選択した状態にします。

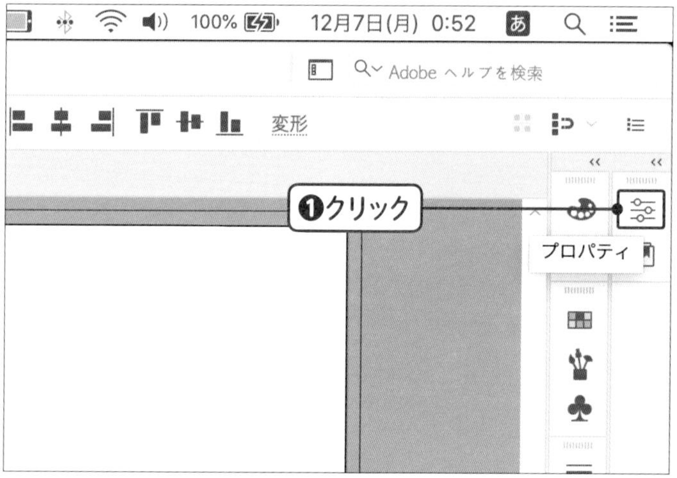

2 [プロパティ] パネルを開く

右側のパネルアイコンから、[プロパティ] パネルのアイコン （パネルが開いている場合は [プロパティ] タブ) をクリックして開きます❶。

MEMO

[プロパティ] パネルでは、作業状況に応じてさまざまな設定を行うことができます。ここでは、文字関連の設定を行います。

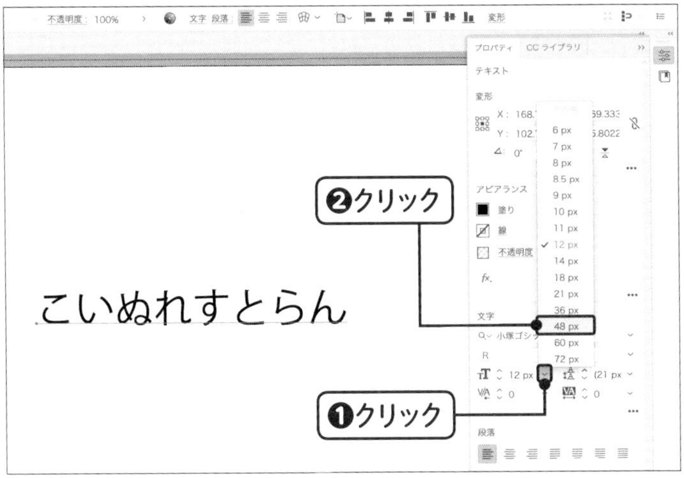

3 文字のサイズを48ptにする

[プロパティ] パネルが開きました。[フォントサイズを設定] 入力欄右側のメニュー をクリックし❶、[48pt] をクリックします❷。

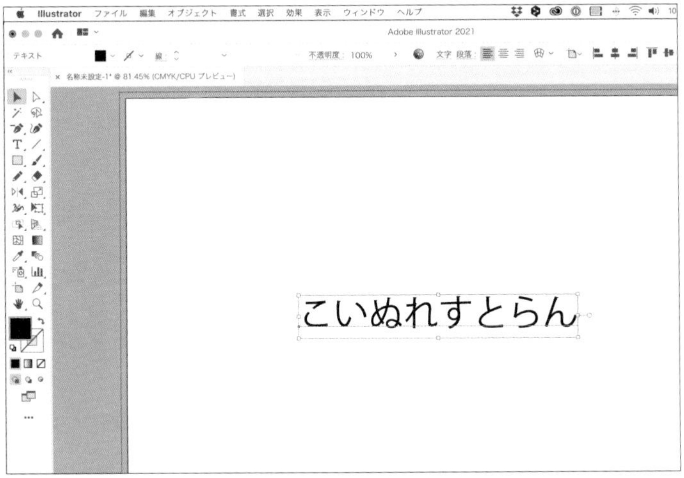

4 文字のサイズが48ptになった

文字のサイズが48ptになりました。

Check! 文字サイズは1ptずつ自由な大きさに設定することも可能

[プロパティ] パネルの [フォントサイズを設定] 入力欄の左側には上向きと下向きのボタン があります が、これらをクリックすることで1ptずつ文字サイズを変更することが可能です。なお、[印刷] の設定でドキュメントを作成した場合、文字サイズの単位は自動的に [ポイント (pt)] になります。

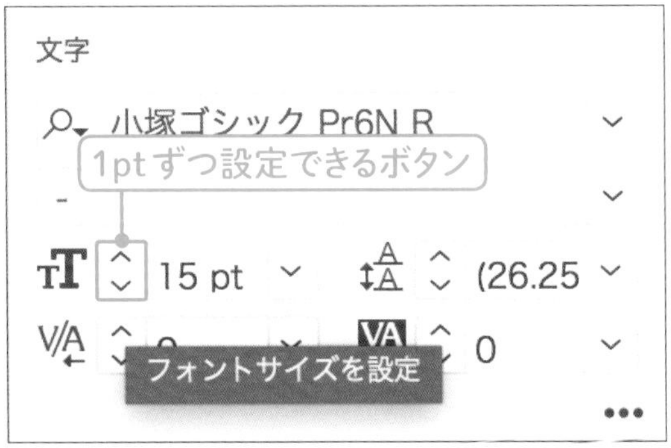

Lesson 03

入力した文字のフォントを変更しよう

練習ファイル　0403a.ai
完成ファイル　0403b.ai

ここでは、Adobe Fontsというサービスを利用し、自分の作業環境にインストールされていないフォントをダウンロードして、指定してみましょう。

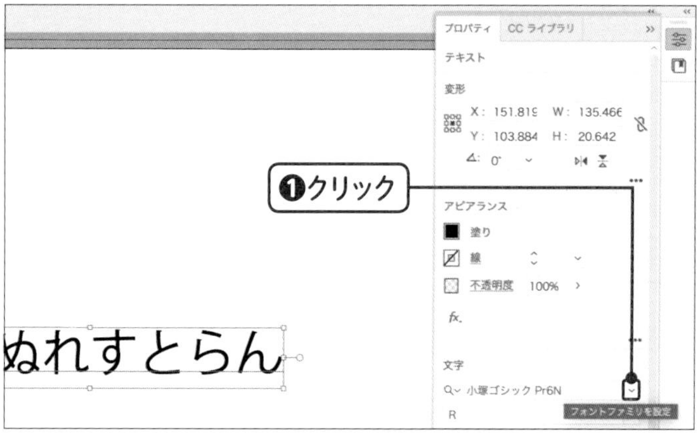

1 ［フォントファミリを設定］のドロップダウンメニューを開く

［プロパティ］パネルが開いた状態で、［文字］セクションの一番上にある［フォントファミリを設定］右側のメニューボタン をクリックします❶。

2 ［さらに検索］を選択する

メニューが開き、フォント名の一覧が表示されました。メニュー上部の［さらに検索］タブをクリックします❶。

MEMO

［さらに検索］タブ内では、アドビが提供しているフォントを検索してダウンロードできます。その際、お使いのパソコンがインターネット回線につながっている必要があります。

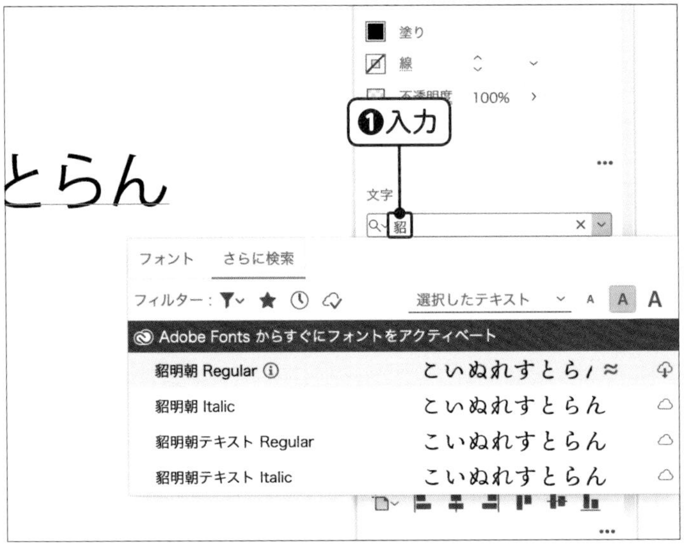

3 フォント名の入力欄に「貂」と入力する

「Adobe Fonts からすぐにフォントをアクティベート」と表示されました。今回はアドビが提供する「貂明朝」というフォントを利用します。フォントファミリ名の入力欄に「貂」と入力します❶。

MEMO

漢字の「貂」は「てん」と入力すると変換候補に出てきます。

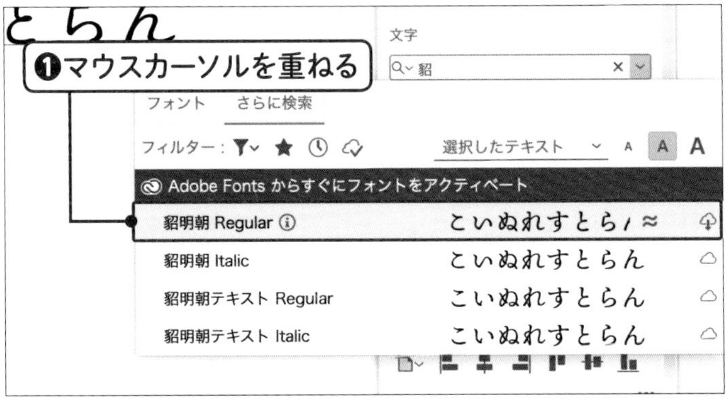

4 利用するフォントをプレビューする

「貂」という文字列を含んだフォント名の一覧が表示されました。ダウンロードする前に、フォントをプレビューして確認することができます。「貂明朝 Regular」というフォント名にマウスカーソルを重ねます❶。

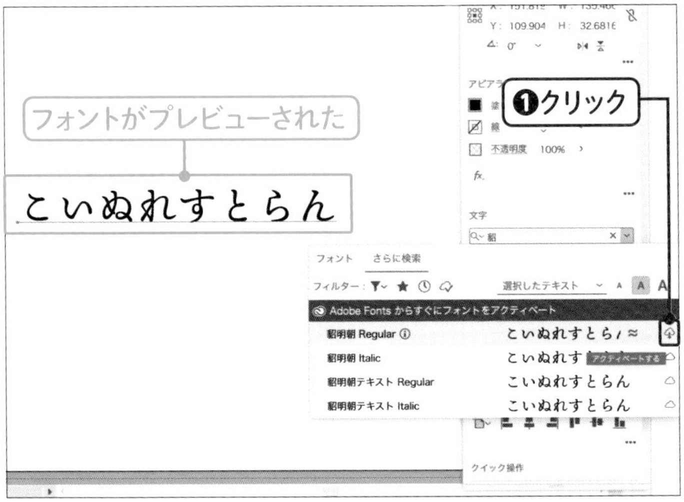

5 利用するフォントをアクティベートする

フォントがプレビューされました。[アクティベートする] ボタン をクリックします❶。

MEMO

フォント名にマウスカーソルを重ねてプレビューするだけでは、実際のフォントは指定されていません。フォントをアクティベート（認証作業のこと）し、ダウンロードすることで、実際に利用可能になります。

6 [OK] ボタンをクリックする

「このフォントをアクティベートしますか？」というメッセージが表示されるので、[OK] ボタンをクリックします❶。

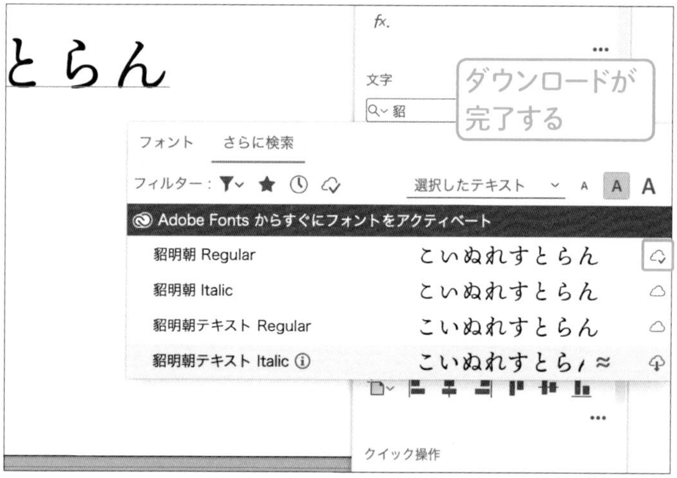

7 フォントが有効化された

しばらく待つとフォント名の右のアイコンにチェックマークがつき、ダウンロードが完了したことがわかります。パソコンの設定によっては、ライセンス認証の通知が表示される場合もあります。

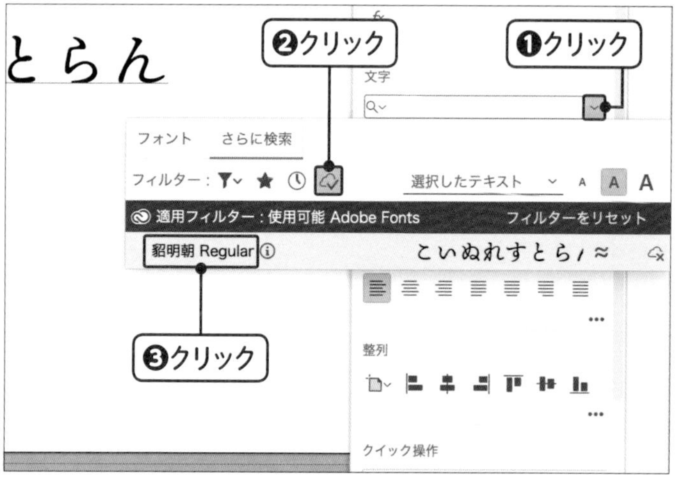

8 ダウンロードされたフォントを利用する

文字列が選択された状態で、[プロパティ] パネル内の [フォントファミリを設定] の右側のメニューボタンをクリックし❶、[フィルター] 欄の雲の形のアイコンをクリックします❷。すると、[貂明朝 Regular] のフォント名が表示されるのでクリックします❸。

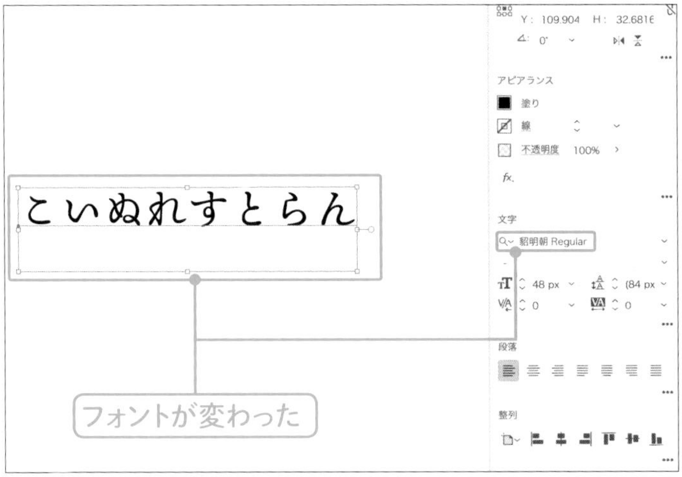

9 文字列のフォントが変わった

文字列「こいぬれすとらん」のフォントが、ダウンロードした「貂明朝Regular」になりました。

Check! Adobe Fontsとは

ここで紹介したAdobe Fontsは、アドビが提供するフォントのダウンロードサービスです。Creative Cloudのサブスクリプション契約をしていれば、登録されているすべてのフォントを利用可能です。無償版を利用している方は利用できるフォント数に制限がありますが、今回紹介した「貂明朝Regular」は利用可能です。また、Adobe Fontsのフォントはサービスのwebサイトでアクティベートするだけではなく、今回の例で説明したように、Illustratorの[文字]パネルの中からも直接アクティベートが可能です。なお、アクティベートには時間がかかったり、うまくいかなかったりすることもあるので、その場合は日を置いてまた試してみましょう。

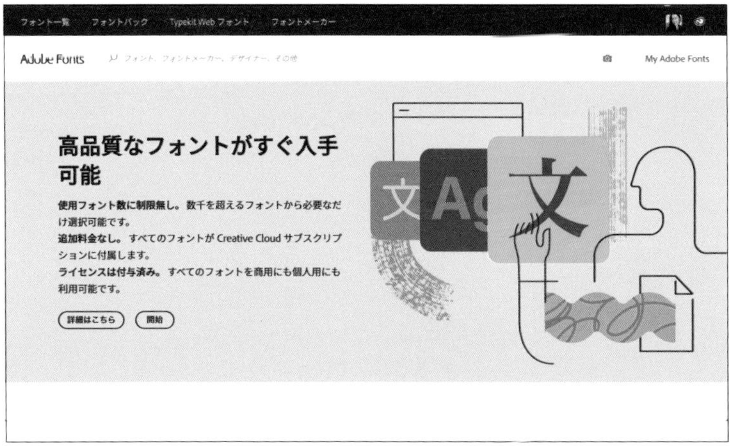

Lesson 04

文字を図形に変換してロゴタイプにしよう

ここでは、[文字タッチ]ツールを使って文字を自由な位置に並べ替え、大きさも変更して、動きのあるロゴタイプに仕上げていきます。

練習ファイル 0404a.ai
完成ファイル 0404b.ai

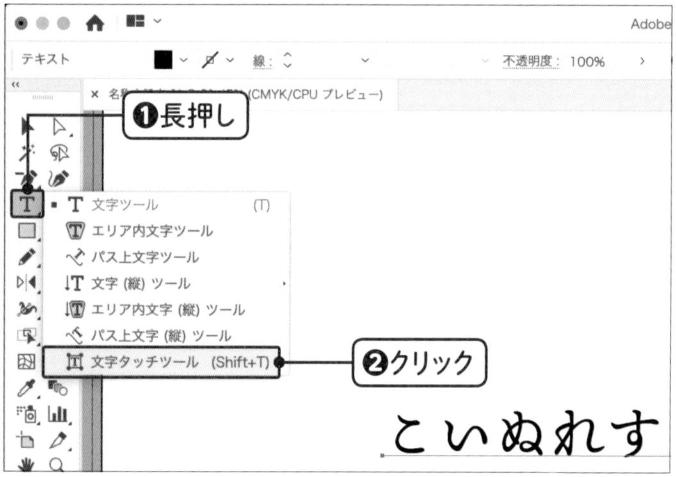

1 [文字タッチ]ツールを選択する

ツールパネルの[文字]ツール を長押しし❶、[文字タッチ]ツール をクリックします❷。

MEMO

[文字タッチ]ツールが表示されない場合は、P.20を参考にワークスペースを[初期設定(クラシック)]にしてください。

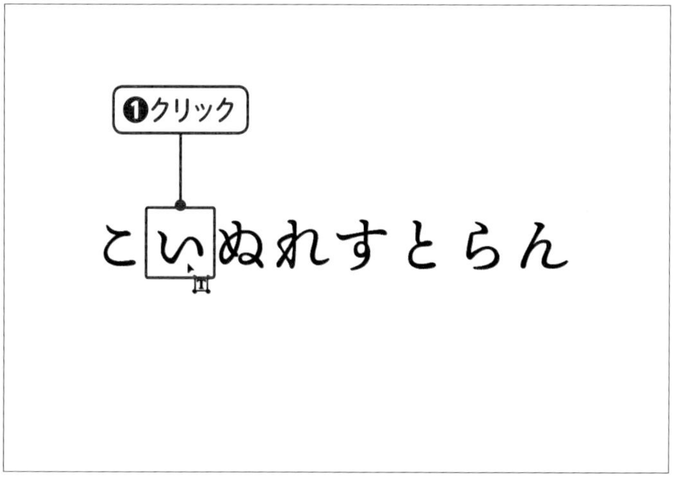

2 動かしたい文字をクリックする

文字列の中の「い」の字の中央あたりをクリックします❶。

3 文字の位置を変える

「い」の字の周囲にバウンディングボックスが表示され、選択された状態になりました。文字の中央あたりをつかんで、少し下のほうにドラッグします❶。

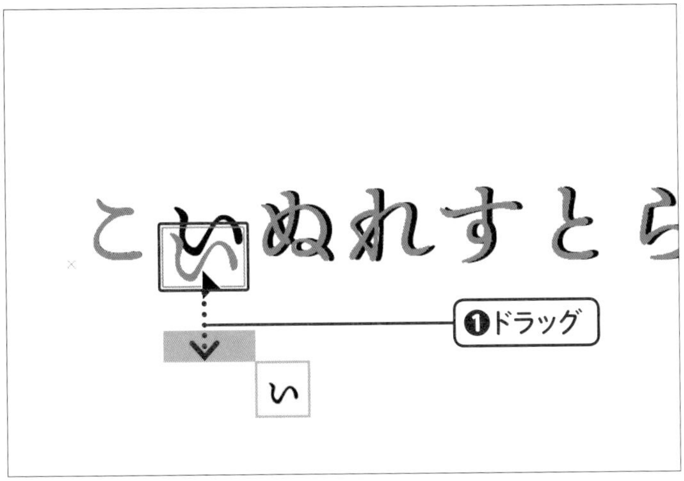

4 文字の大きさを変える

「い」の字が下に移動しました。次は「れ」の字の大きさを変えてみます。「れ」の字をクリックして選択し❶、バウンディングボックスの右上のハンドルを右斜め上方向にドラッグします❷。

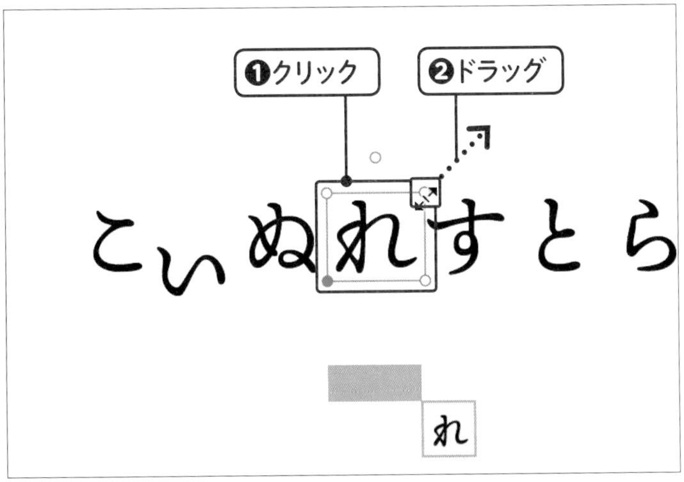

5 文字間を詰める

「れ」の字が大きくなりました。次は、文字と文字の間を詰めてみましょう。「す」の字をクリックして選択し❶、図を参考に「れ」の字のほうにドラッグして近づけます❷。

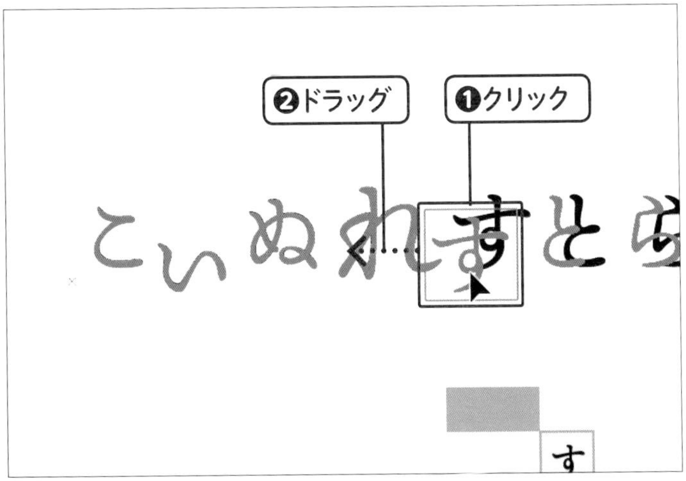

6 全体を仕上げる

「れ」と「す」の字が組み合わさって見える位置に移動しました。あとは、図を参考にそれぞれの文字の位置と大きさを個別に変更し、おいしくて楽しそうなレストランのイメージになるように仕上げていってください。

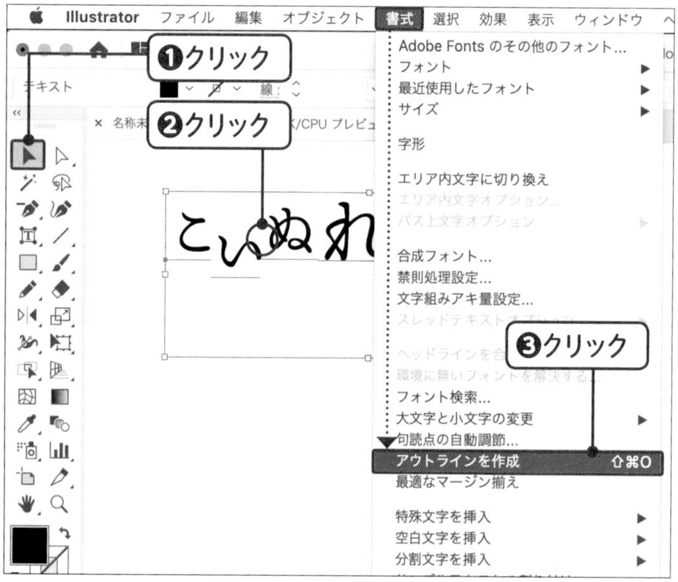

7 文字を図形に変換する

最後に、これらの文字を図形に変換します。[選択]ツール をクリックし❶、文字列をクリックして❷、[書式] メニュー→[アウトラインを作成] の順にクリックします❸。

MEMO

貂明朝のフォントを持っていない人にロゴタイプのデータを渡しても正確に表示させるため、文字を図形に変換しておきます。このことを「アウトライン化する」と言います。

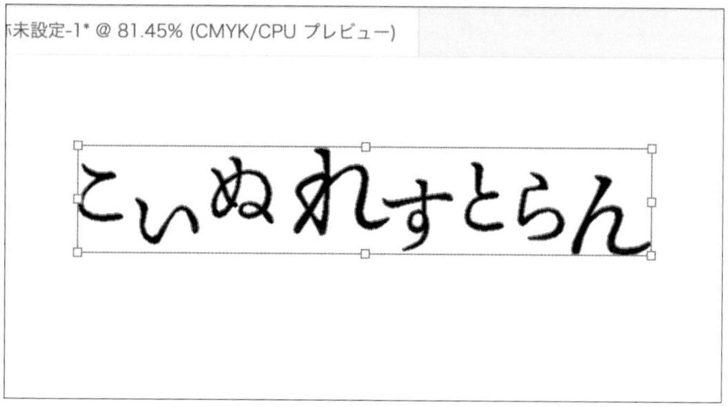

8 ロゴタイプが完成した

バウンディングボックスの表示状態が変わり、文字列が図形に変換されました。ロゴタイプはこれで完成です。P.30を参考にしてファイルを保存し、P.86を参考に [CCライブラリ] に登録します。

Chapter

5

ロゴタイプに添えるマークを作ろう～Illustrator

この章では、第4章で作成した文字だけのロゴタイプに添える「マーク」を作成します。基本的な図形を組み合わせて変形させ、活き活きと踊るフライパンのマークを作っていきましょう。

ロゴタイプに添えるマークを作ろう〜Illustrator

完成イメージ

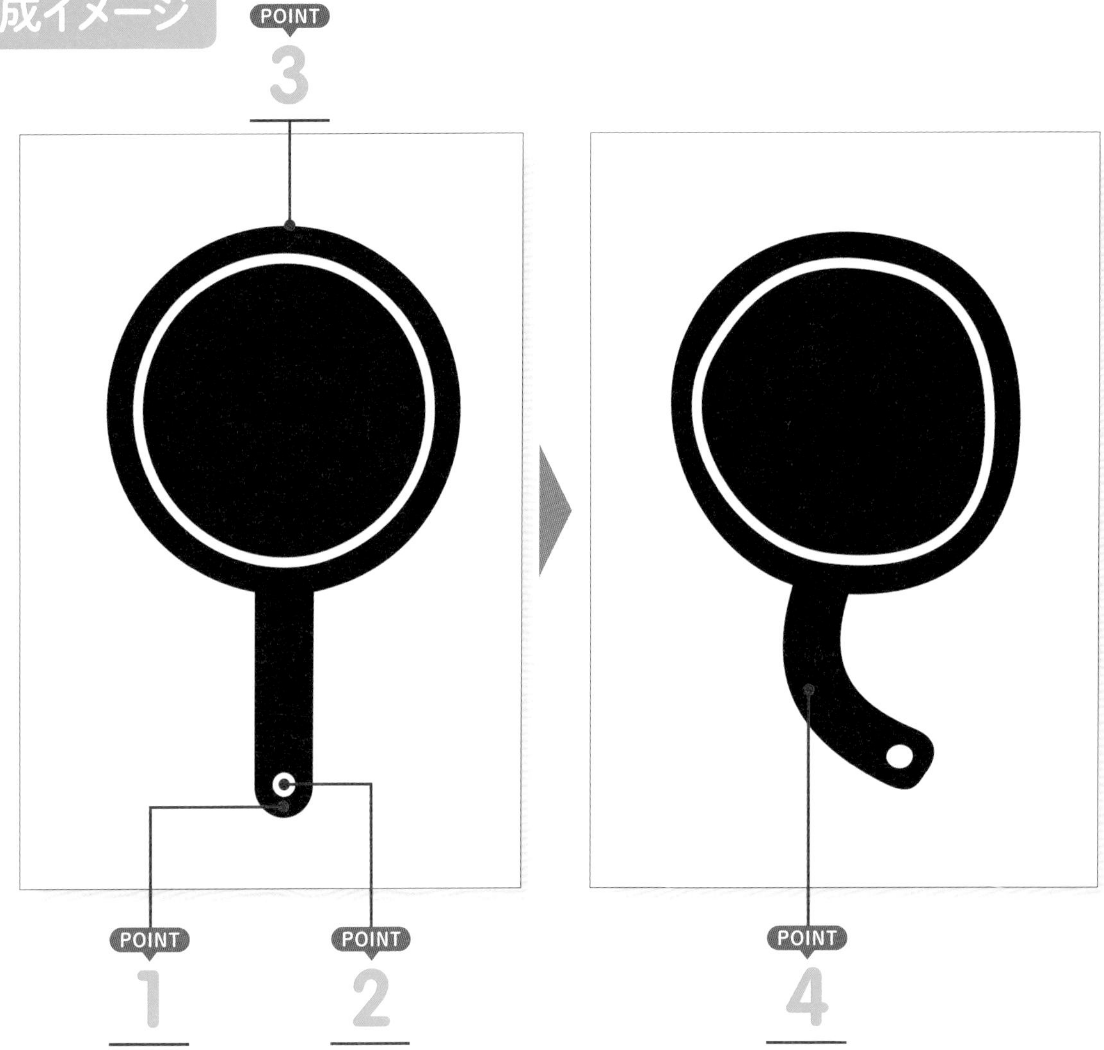

この章のポイント

POINT 1 長方形の角を丸くする

長方形の四隅にある丸い印［ライブコーナーウィジェット］を使って、角丸の大きさを編集することができます。

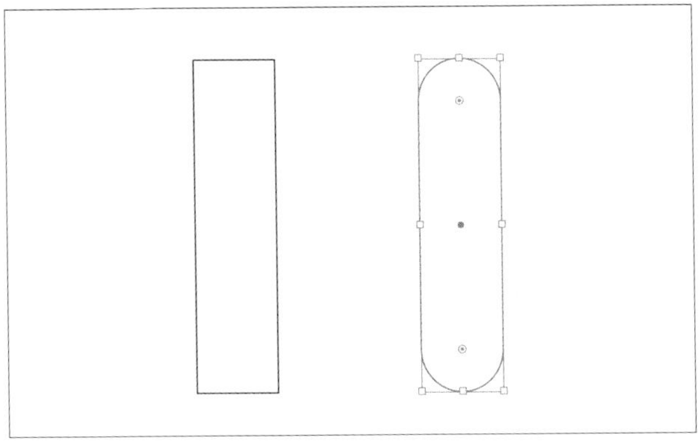

→P.108

POINT 2 図形同士で型抜きができる

重ねた図形同士を使って型抜きをしたり合体をしたりすることができる、［パスファインダー］という機能があります。

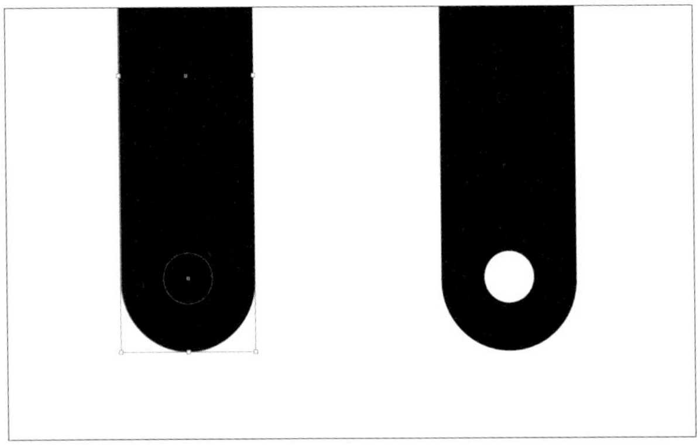

→P.108

POINT 3 図形同士を整列させる

［整列］という機能があり、図形同士を中央で揃えたり、上揃えや左揃えで揃えたりなど、複数のオプションが用意されています。

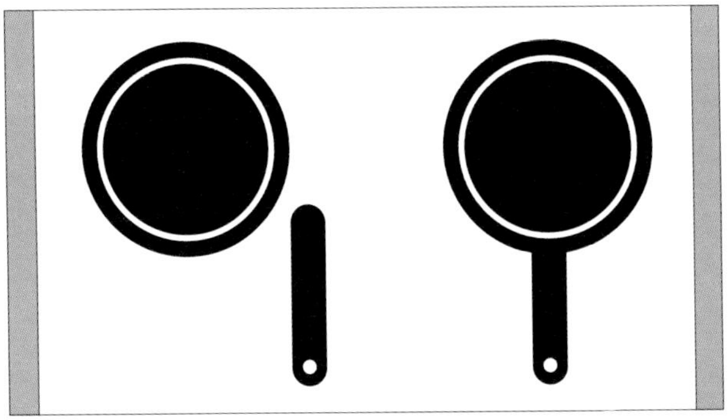

→P.108

POINT 4 図形を自由な形に変形させる

［パペットワープ］ツールを使うと、決まった図形で描かれたイラストやアイコンを、活き活きとした動きのある形に変形させることができます。

→P.114

Lesson 01

2つの図形を整列させよう

練習ファイル　(なし)
完成ファイル　0501b.ai

ここでは、2つの図形を整列する方法について学びます。2つの正円を整列させて、フライパンの本体部分を描いていきます。

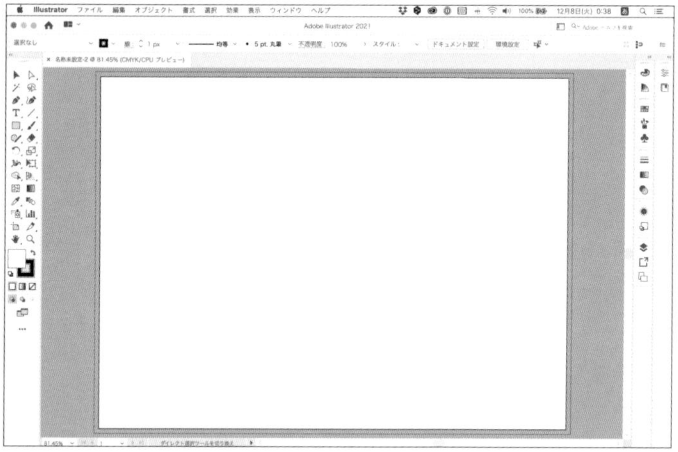

1 新規ドキュメントを作成する

P.16を参考に、[印刷] タブから [A4] サイズを選択し [方向] を「横位置」 に設定して、新規ドキュメントを作成します。

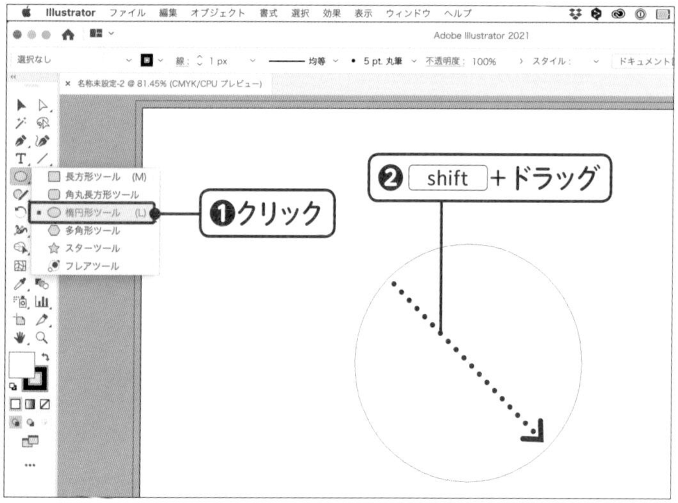

2 正円を描く

ツールパネルから [楕円形] ツール をクリックし❶、shift キーを押しながら左上から右下にドラッグして❷、正円を1つ描きます。

MEMO

正円の描き方を忘れた場合は、P.38を参照してください。

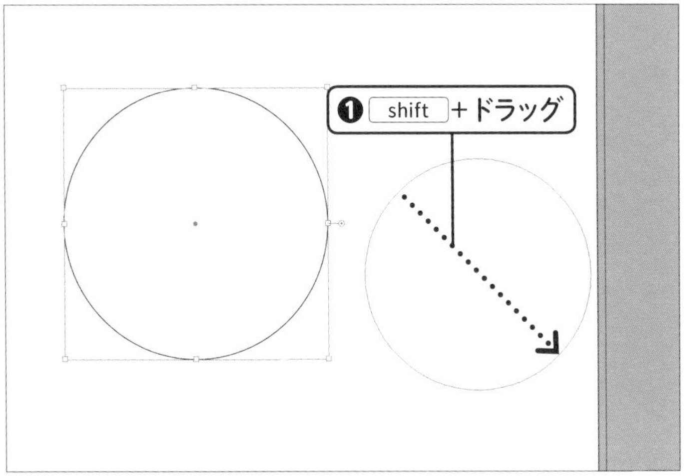

3 ひとまわり小さな正円を描く

正円が1つ描かれました。続けて、shift キーを押しながら左上から右下にドラッグして❶、ひとまわり小さな正円を描きます。

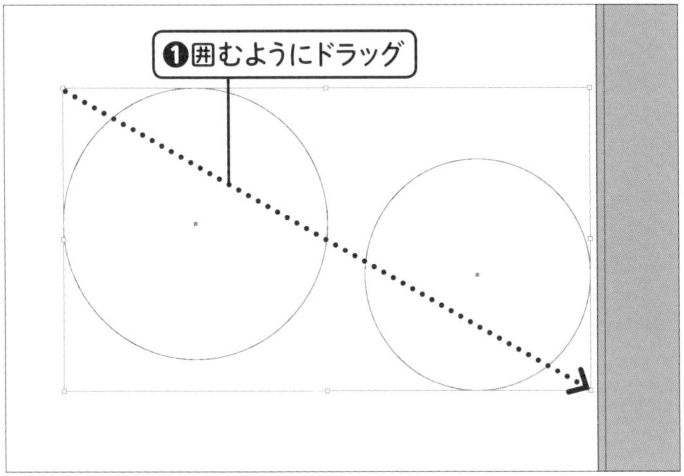

4 2つの正円を同時に選択する

ひとまわり小さな正円が描かれました。P.42を参考に[選択] ツール をクリックし、2つの正円を囲むようにドラッグして選択します❶。

MEMO

図形を整列させる前に、整列させたい図形をすべて選択しておく必要があります。

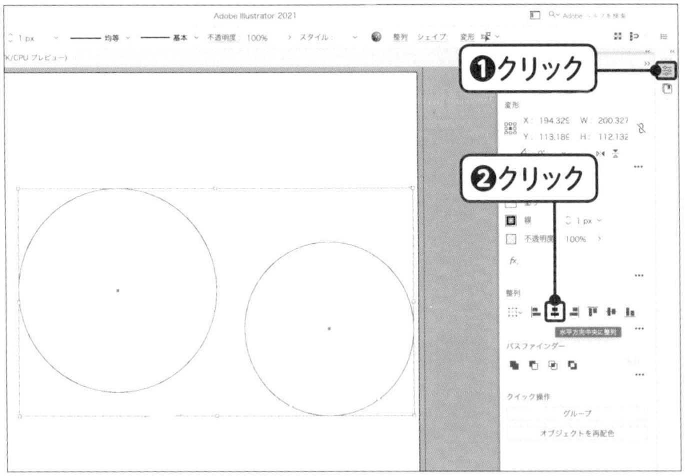

5 [水平方向中央に整列] ボタンをクリックする

2つの正円が選択されたままの状態で、[プロパティ] パネルのアイコン (パネルが開いている場合は [プロパティ] タブ) をクリックして開きます❶。[整列] セクション左から2番目の [水平方向中央に整列] ボタン をクリックします❷。

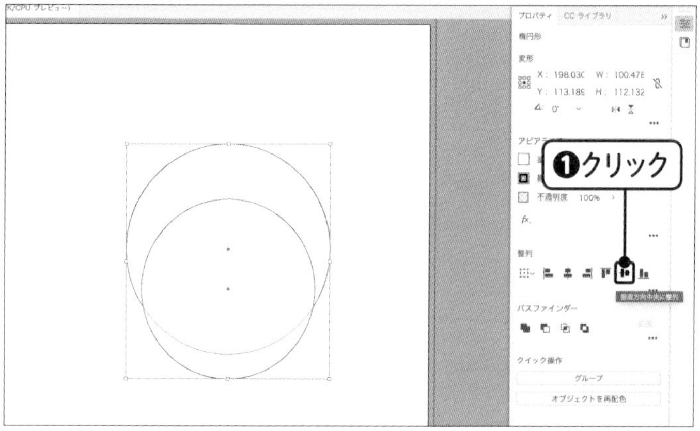

6 [垂直方向中央に整列]ボタンをクリックする

2つの正円が、水平方向中央の位置で揃いました。続けて、右から2番目の[垂直方向中央に整列]ボタン をクリックします❶。

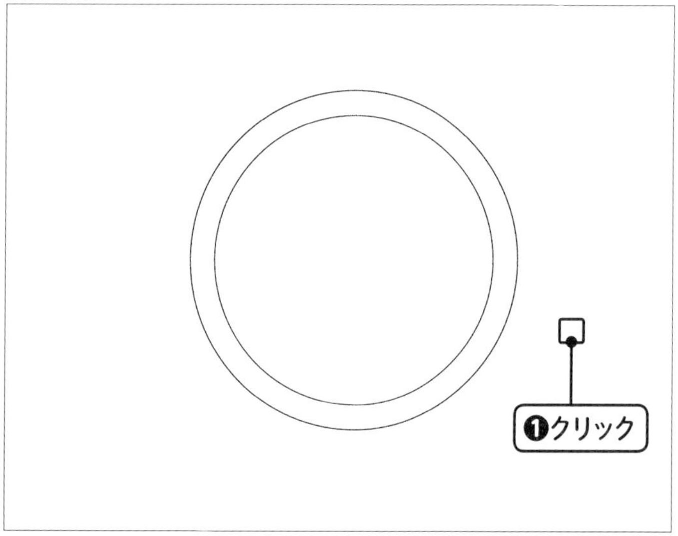

7 2つの正円の位置が中央で揃った

2つの正円が縦方向にも横方向にも中央で揃いました。何もない箇所をクリックして❶、図形の選択を解除します。

MEMO

1つの動作が終わったときには毎回、何もない箇所をクリックして選択を解除しておくと、意図しない図形の移動や色変更といったトラブルを防ぐことができます。

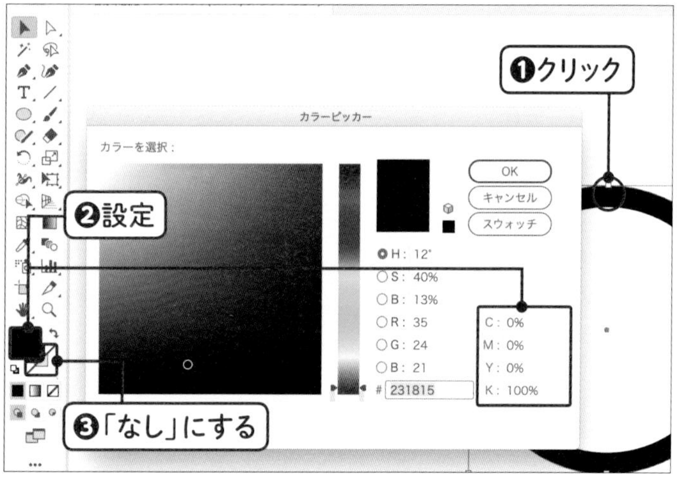

8 大きな正円の色を設定する

正円の色を変更します。P.42を参考に[選択]ツール をクリックし、外側の大きな円をクリックします❶。[塗り]を以下のように設定し❷、[線]を「なし」 にします❸。

C	0%
M	0%
Y	0%
K	100%

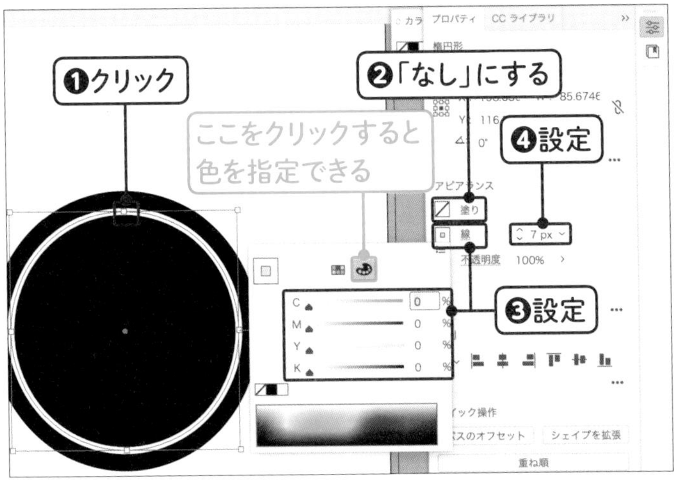

9 小さな正円の色を設定する

続いて、小さな正円をクリックして選択し❶、[プロパティ]パネルから[塗り]を「なし」 にし❷、[線]を以下のように設定して❸、[線幅]を「7」ptに設定します❹。

C	0%
M	0%
Y	0%
K	0%

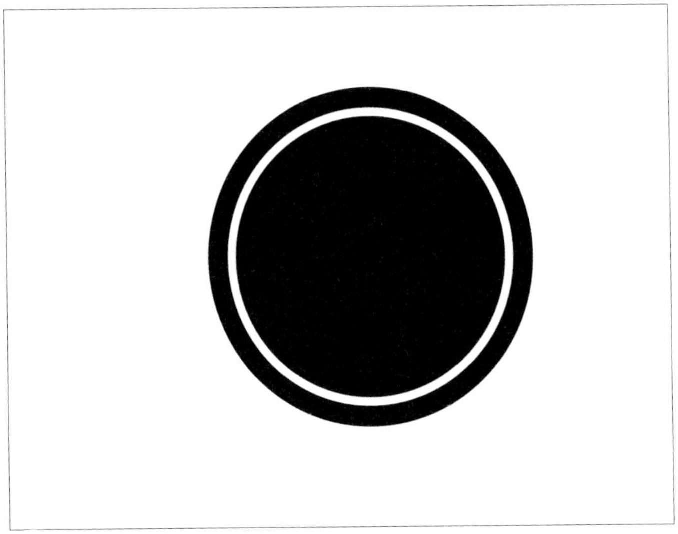

10 マークの一部分が完成した

小さな正円の線が白くて太くなり、塗りがなくなって下の正円の色が見える状態になりました。マークの半分はこれで完成です。

MEMO

これまでの説明では線幅を[線]パネルの中、色はツールパネルの下部で変更しましたが、手順9のように図形を選択した状態では[プロパティ]パネルの中からも変更可能です。

Check! 整列方法は他にも色々ある

ここでは中央に整列するボタンを利用しましたが、[プロパティ]パネルには、[水平方向左に整列]や[垂直方向上に整列]などのボタンも用意されています。必要に応じて使い分けましょう。

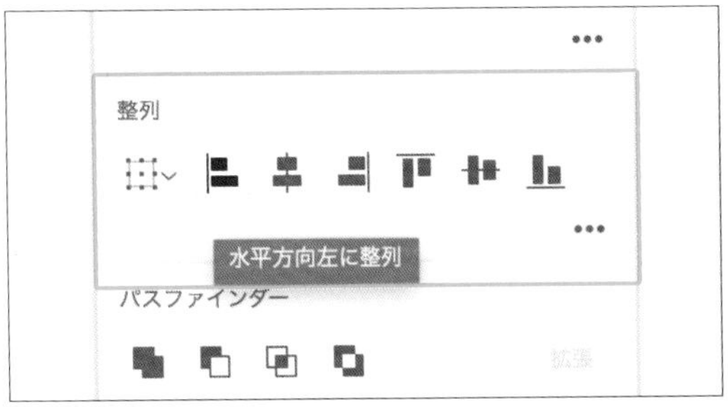

Lesson 02

前の図形で後ろの図形を型抜きしよう

練習ファイル　0502a.ai
完成ファイル　0502b.ai

ここでは、フライパンの柄の部分を描く過程で、長方形の角を丸めたり、1つの図形で別の図形を型抜きしたりする方法を学びます。

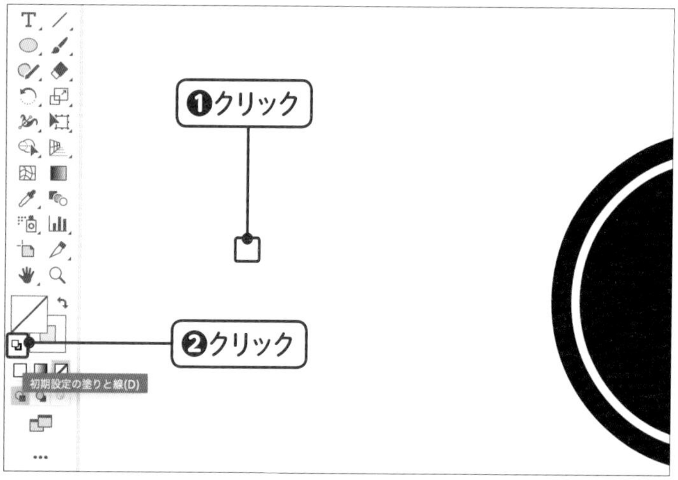

1 色の設定をリセットする

次の作業を行う前に色を初期設定に戻しておきます。図を参考に、何もない箇所をクリックして選択を解除し❶、ツールパネル左下にある[初期設定の塗りと線]ボタン をクリックします❷。

MEMO

前節の最後で[塗り]なし[線]白という設定にしたため、初期設定の[塗り]白[線]黒に戻します。

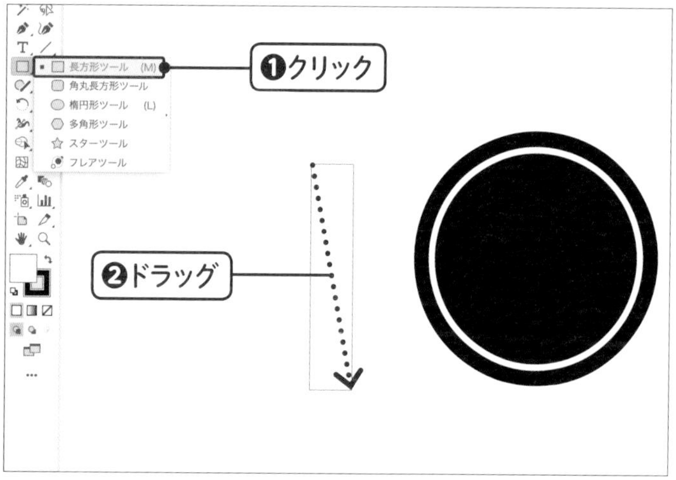

2 細長い長方形を描く

ツールパネルから[長方形]ツール をクリックし❶、左上から右下にドラッグして❷、図のような長方形を描きます。これは、フライパンの柄の部分になります。

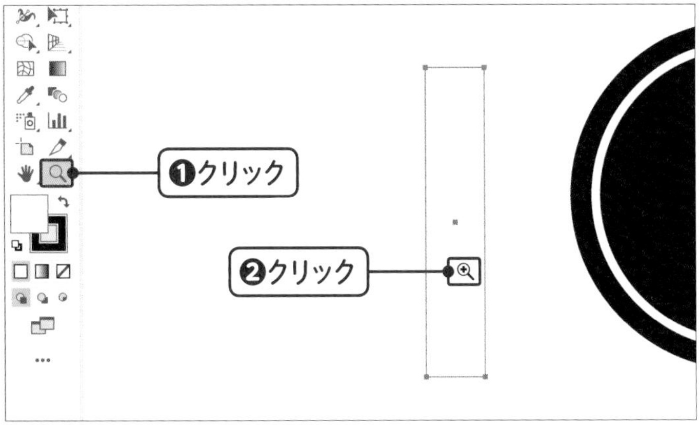

3 [ズーム] ツールで画面を拡大する

長方形が描かれました。このあと細かい作業を行うので、画面を拡大表示します。[ズーム]ツール をクリックし❶、描いた長方形の上を1〜2回クリックします❷。

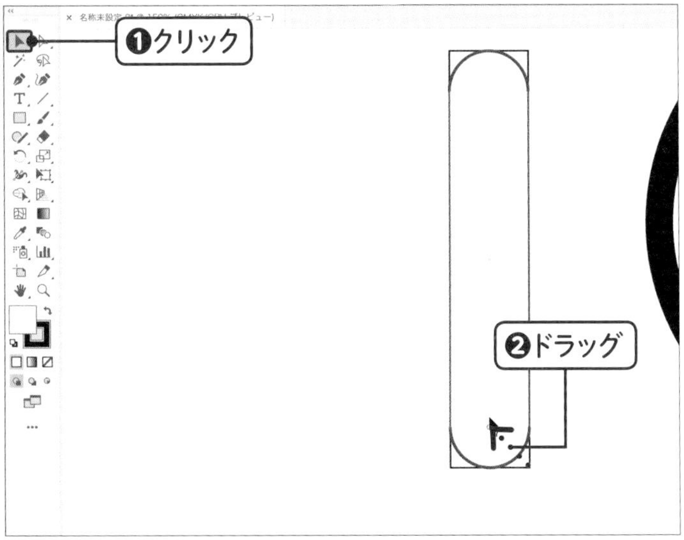

4 長方形の角を丸める

画面が拡大表示されました。[選択]ツール をクリックすると❶、長方形の角の内側に目玉のようなアイコンが表示されます。どれか1つを内側に向けて止まるところまでドラッグします❷。

MEMO

この目玉のようなアイコンは[ライブコーナーウィジェット]と呼ばれ、図形の角(コーナー)を丸くするために利用します。

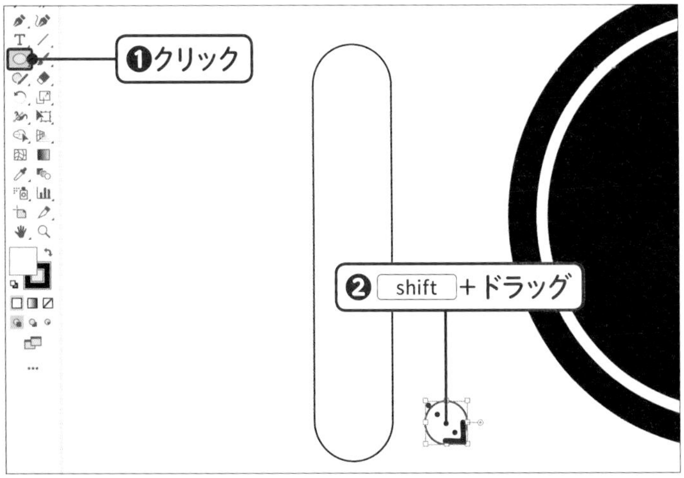

5 小さな正円を描く

長方形の角が丸くなりました。次に、フライパンの柄に開いた小さな穴を表現するために、小さな正円を描きます。[楕円形]ツール をクリックし❶、図を参考に、柄の幅の半分程度の大きさの正円を shift キーを押しながらドラッグして描きます❷。

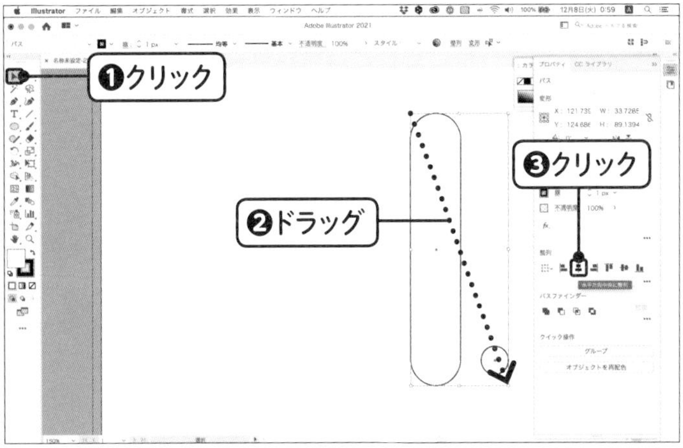

6 水平方向中央に整列させる

小さな正円が描かれました。これを角丸長方形の中央に整列します。[選択]ツール をクリックし❶、角丸長方形と正円を両方囲むようにドラッグして選択して❷、[プロパティ]パネルの[水平方向中央に整列]ボタン をクリックします❸。

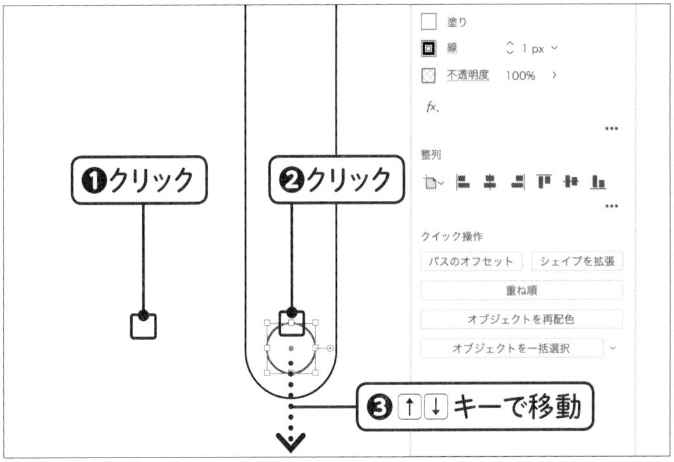

7 正円の垂直方向の位置を調整する

2つの図形が水平方向中央の位置で整列しました。正円の位置を垂直方向に調整したい場合は、何もないところをクリックして選択を解除し❶、小さな正円だけをクリックして❷、キーボードの↑↓キーを押して位置を調整します❸。

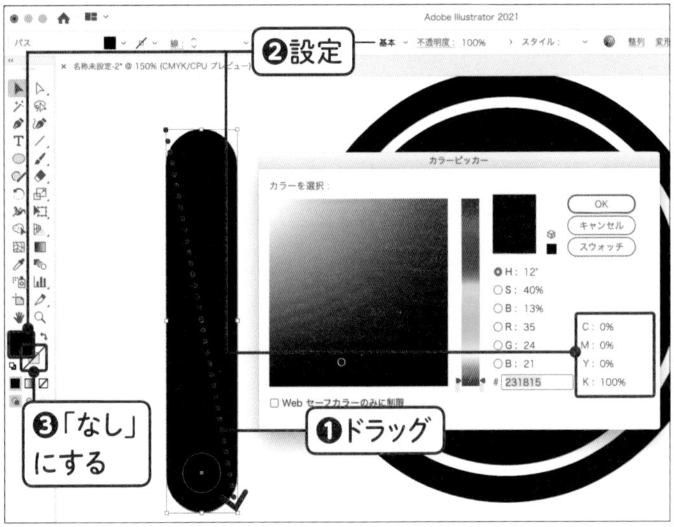

8 色を変更する

2つの図形の色を同時に変更します。[選択]ツール が選択された状態で両方を囲むようにドラッグして選択します❶。[塗り]を以下のように設定し❷、[線]を「なし」 にします❸。

C	0%
M	0%
Y	0%
K	100%

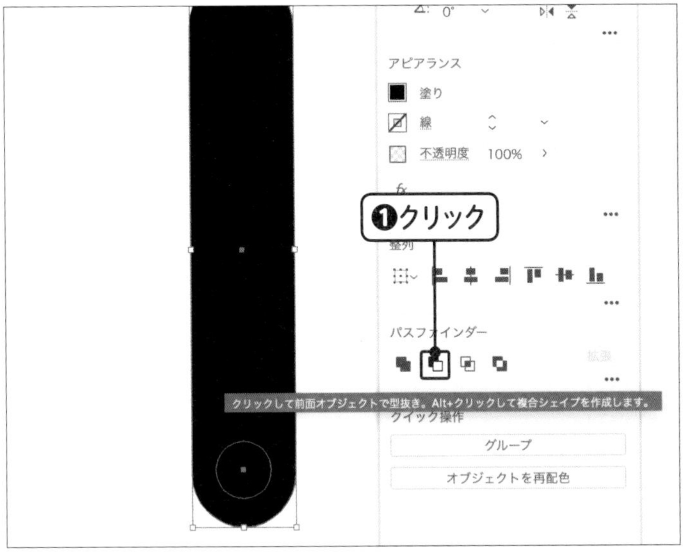

9 前面オブジェクトで型抜きする

2つの図形が黒くなりました。これらを使って型抜きをします。図形が両方選択された状態で、［プロパティ］パネルの［パスファインダー］セクションの左から2番目のアイコン をクリックします❶。

MEMO

［パスファインダー］とは、2つの図形を合体させたり型抜きしたりすることができる機能です。ここでは［前面オブジェクトで型抜き］という機能を利用し、上にある図形で下にある図形に穴を開けます。

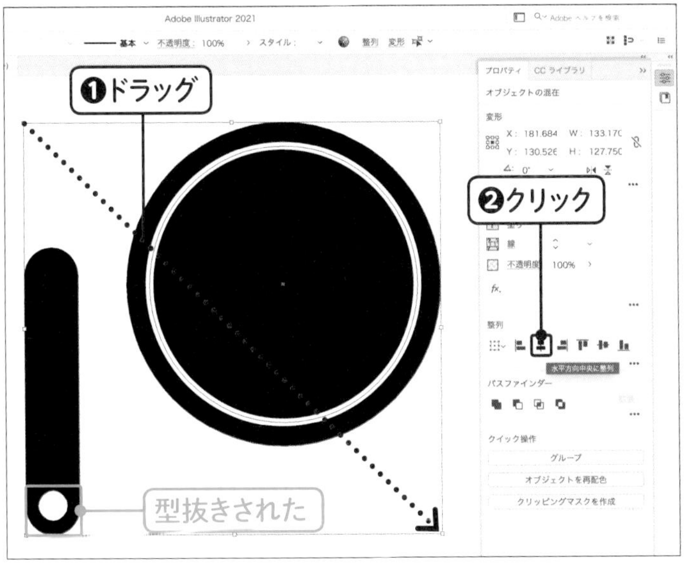

10 フライパン本体部分の中央に揃える

柄の部分が型抜きされました。フライパンの本体部分と中央揃えをしましょう。これまでに描いたすべてのパーツを囲むようにドラッグして選択し❶、［プロパティ］パネルの［水平方向中央に整列］ボタン をクリックします❷。

MEMO

画面表示が拡大されすぎて作業しにくい場合は、ツールパネル左の一番下にある［てのひら］ツール をダブルクリックすると、全体表示に戻ります。

11 選択を解除する

すべてのパーツが中央で整列しました。何もない箇所をクリックして選択を解除します❶。

Lesson 03

すべての図形をグループ化しよう

練習ファイル　0503a.ai
完成ファイル　0503b.ai

ここまで作成したフライパンの本体と柄のパーツを両方選択し、ひとかたまりとして扱える「グループ」にしてみましょう。

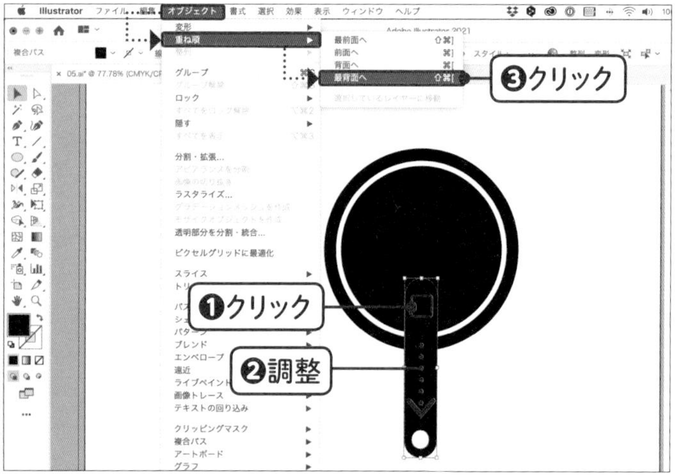

1　柄の位置を調整する

[選択] ツール で柄のパーツだけをクリックして選択し❶、キーボードの↑↓キーを押して位置を調整します❷。[オブジェクト] メニュー→[重ね順]→[最背面へ] の順にクリックして❸、柄を後ろに回り込ませます。

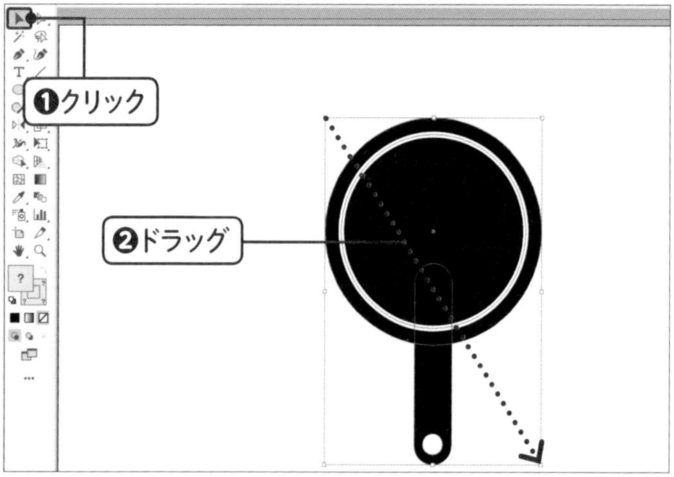

2　すべてのパーツを選択する

[選択] ツール をクリックし❶、すべてのパーツを囲むようにドラッグして選択します❷。

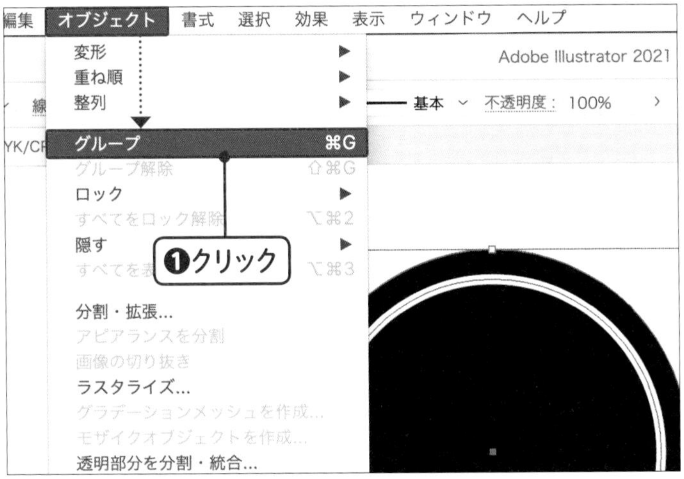

3 メニューから［グループ］を選択する

すべてのパーツが選択されました。そのままの状態で［オブジェクト］メニュー→［グループ］の順にクリックします❶。

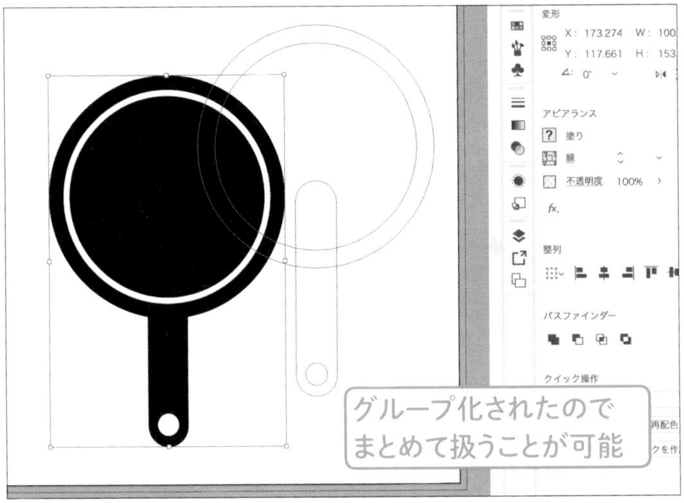

4 グループになった

すべてのパーツがグループになりました。一度選択を解除して再度選択しても、これらのパーツは常にひとまとまりで扱うことができるようになります。

MEMO

ここで紹介したように、イラストやアイコンを作り終わったら必ずグループ化しておくと、パーツがずれたりなくしたりすることがありません。

Check! グループを解除するには?

場合によっては、グループの状態を解除したいこともあるでしょう。そのような場合には、［オブジェクト］メニュー→［グループ解除］の順にクリックすると、グループ化する前の状態に戻ります。

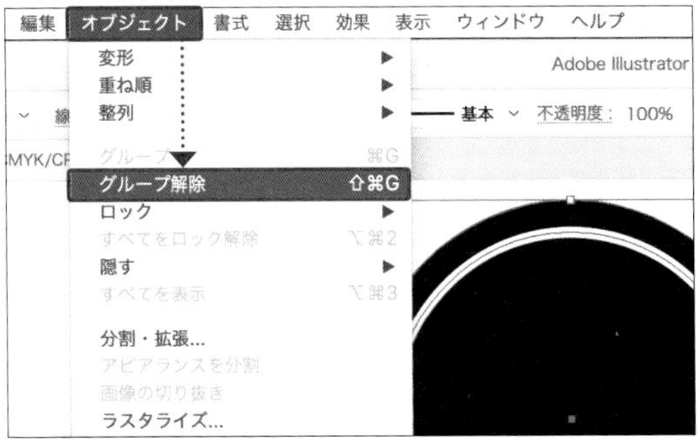

Lesson 04

グループ化した図形を変形しよう

ここでは、[パペットワープ] ツールを使い、マークを活き活きとした動きのある形に変化させていきます。

練習ファイル　0504a.ai
完成ファイル　0504b.ai

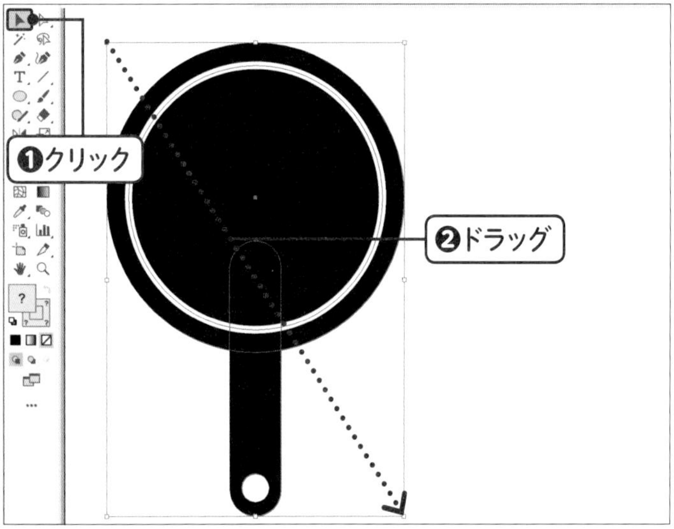

1 グループ化されたマークを選択する

[パペットワープ] ツールを使うには、対象となるアイコンやイラストを選択しておく必要があります。[選択] ツール をクリックし❶、すべてのパーツを囲むようにドラッグして選択します❷。

Check! [パペットワープ] ツールとは?

パペットとは、操り人形のことです。[パペットワープ] ツールを使うと、操り人形の関節のような「ピン」を設定して、イラストやマークに活き活きとした表情を設定することができます。

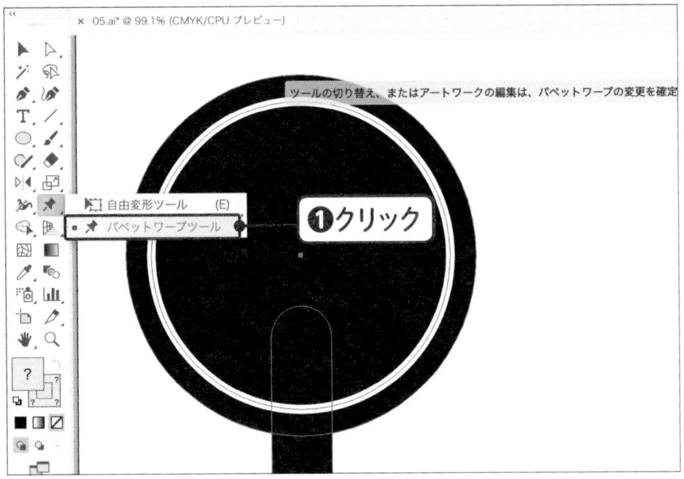

2 [パペットワープ] ツールを選択する

ツールパネルから [パペットワープ] ツール をクリックします❶。

MEMO

[パペットワープ] ツールが表示されない場合は、P.20を参考にワークスペースを[初期設定(クラシック)]にしてください。

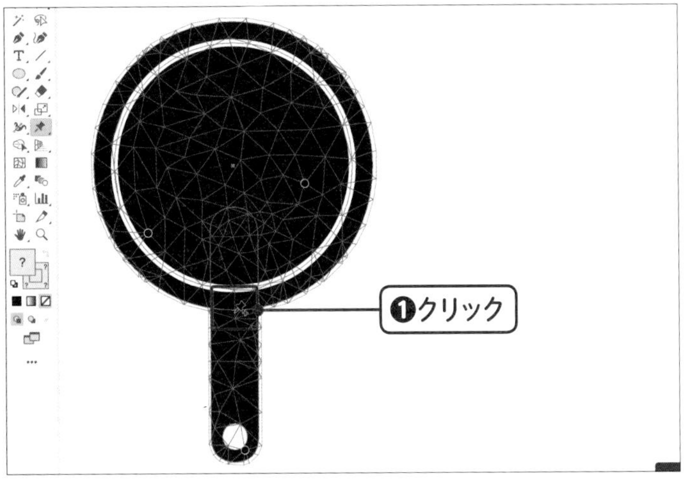

3 1つ目のピンを打つ

[パペットワープ] ツール を選択すると、図のようにマークにメッシュがかかった状態になります。まずは、柄の根元のあたりをクリックし❶、ピンを打ちます。

MEMO

Illustratorの自動的な判断により、スタート時からあらかじめピンが打たれている場合があります。

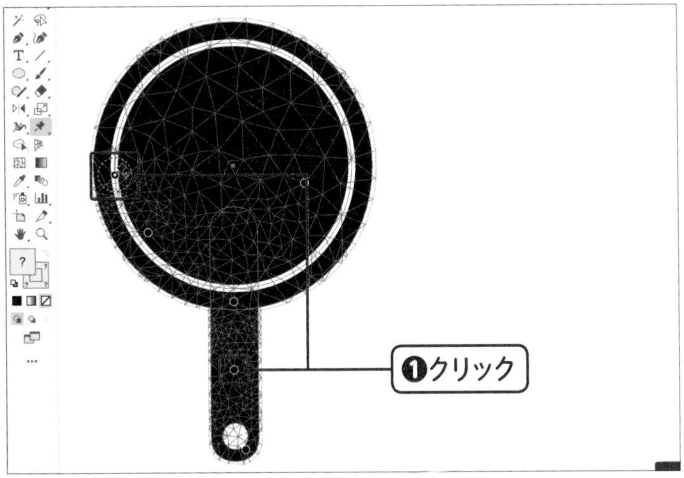

4 2つ目と3つ目のピンを打つ

柄の根元に黒い丸のピンが打たれました。柄の中央あたりと本体の左側あたりをクリックして❶、ピンを打ちます。

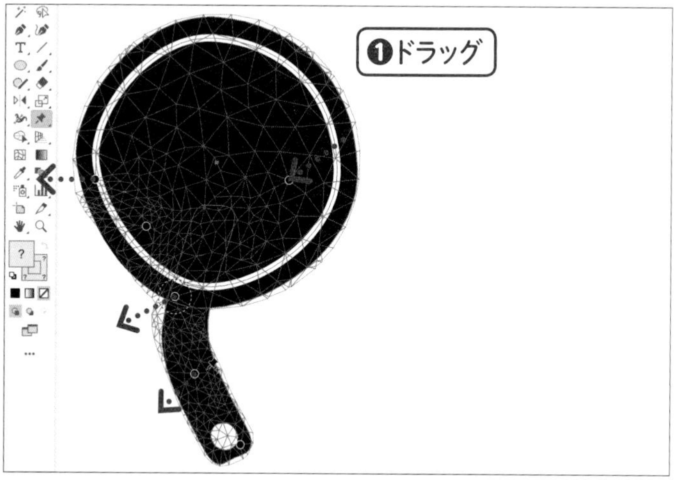

5 ピンを移動させる

柄の中央と本体の左側にピンが打たれました。ピンをクリックすると白い丸が入って選択された状態になります。図を参考に4箇所のピンをドラッグして動かします❶。

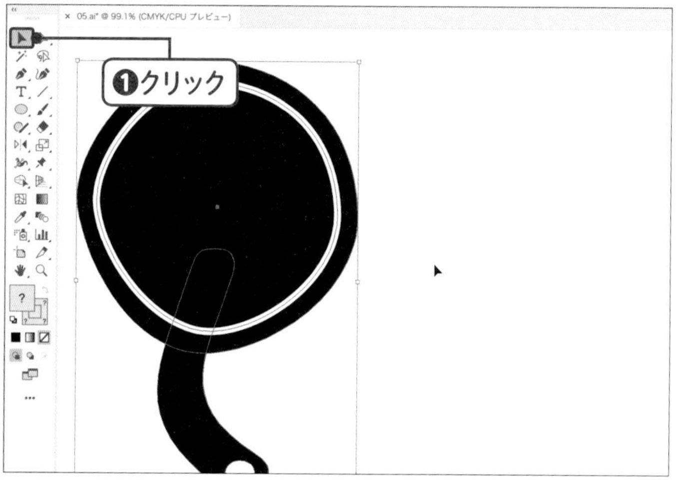

6 マークが完成した

ピンを動かすにつれ、マークが踊っているようなかたちに変化しました。これでマークが完成しました。P.30を参考にしてファイルを保存し、[選択] ツール をクリックしておきます❶。

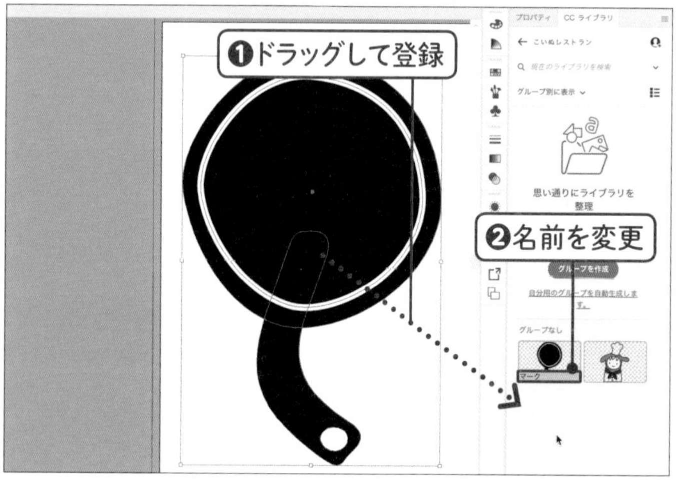

7 ライブラリに登録する

このマークはあとの章で利用するので、P.86を参考に「こいぬレストラン」のライブラリに登録します❶。名前は「マーク」に変更しておきます❷。

Chapter

6

写真を編集しよう
～Photoshop

この章では、Photoshopで写真編集をする際の基礎を学んでいきます。写真の色やコントラストを変更したり、範囲を指定して一部分だけ編集したりできるようになります。

Visual Index | Chapter 6

写真を編集しよう
～Photoshop

完成イメージ

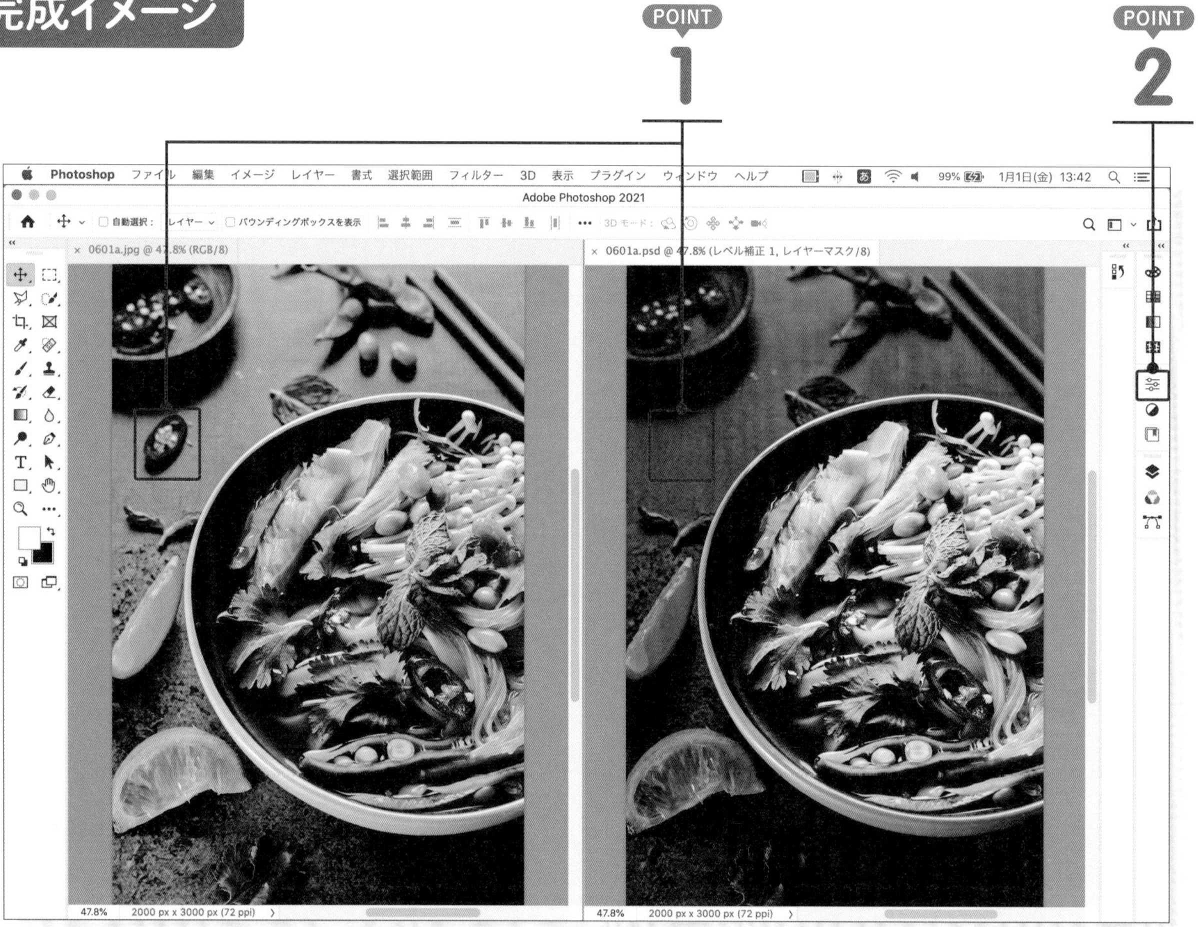

この章のポイント

POINT 1 写真の中のゴミや不要なものを消す

写真の中に写っている不要なものやゴミなどを、[スポット修復ブラシ] を使って自然な感じで消すことができます。

→P.120

POINT 2 写真の色調やコントラストを編集できる

[調整レイヤー] の機能を利用して、写真データを破壊しないように色調やコントラストを編集することができます。

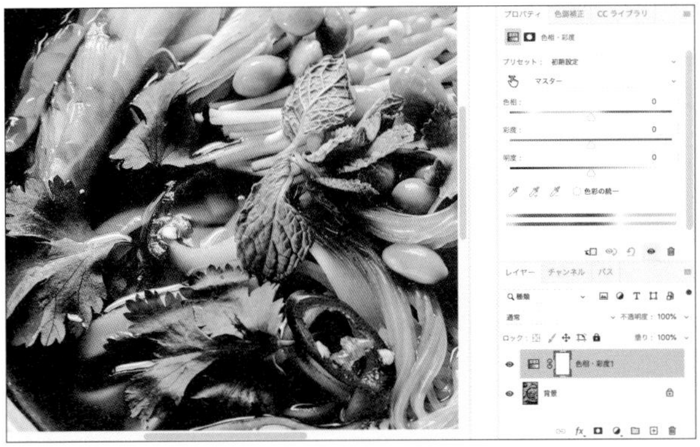

→P.124

POINT 3 範囲を指定して編集できる

写真の一部だけを選択し、その範囲内だけを編集することができます。

→P.128

POINT 4 選択範囲を保存できる

選択範囲を保存して、何度でも再利用することができます。

→P.128

Lesson
01

写真の不要な部分を消去しよう

練習ファイル　0601a.jpg
完成ファイル　0601b.psd

お気に入りの写真なのにゴミが写っていた、汚れを消したいなど、写真内の不要な部分を消去したい場合は多いでしょう。ここでは、そういった場合にぴったりのテクニックを学びます。

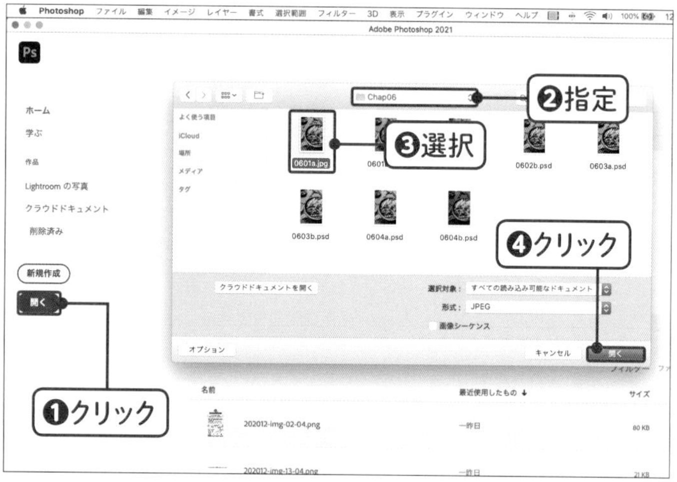

1 素材写真を開く

まずは、素材写真を開きます。P.14を参考にPhotoshopを起動し、スタート画面の［開く］ボタンをクリックします❶。練習ファイルのある「Chap06」フォルダを指定し❷、「0601a.jpg」を選択して❸、［開く］ボタンをクリックします❹。

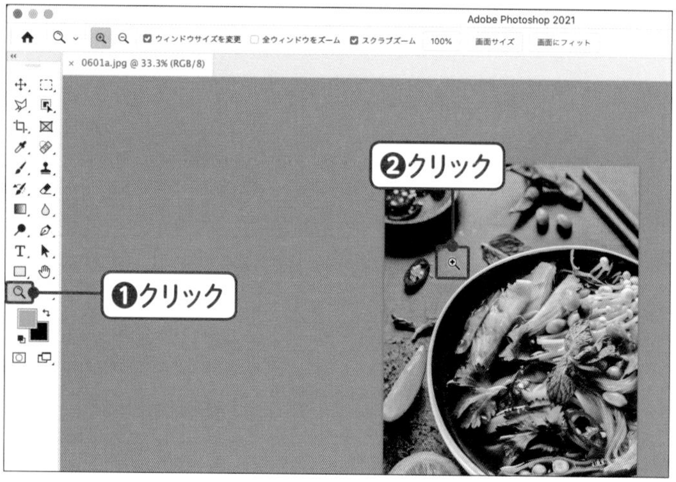

2 ［ズーム］ツールで画面を拡大する

写真「0601a.jpg」が開きました。ツールパネルから［ズーム］ツール をクリックし❶、テーブルの上の唐辛子のあたりを2～3回クリックします❷。

3 [スポット修復ブラシ] ツールを選ぶ

唐辛子や葉っぱが乗っているテーブルの周囲が拡大表示されました。ツールパネルから[スポット修復ブラシ] ツール をクリックします❶。

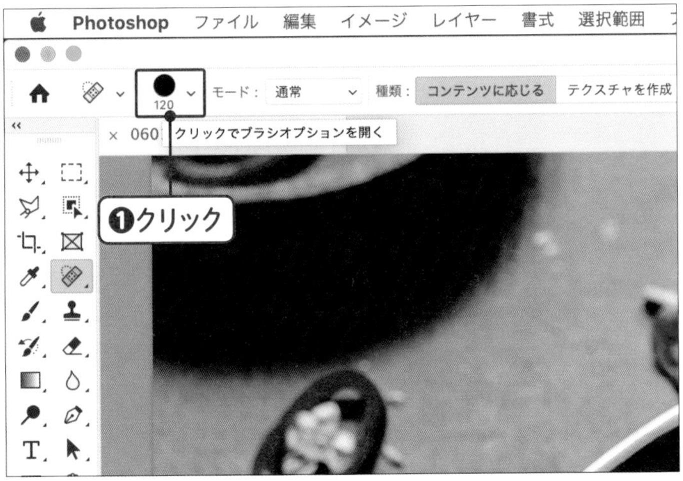

4 ブラシサイズを変更する

[スポット修復ブラシ] ツール が選択され、マウスカーソルが円形になりました。このブラシの円のサイズを変更します。図を参考にオプションバーのブラシサイズのメニューをクリックします❶。

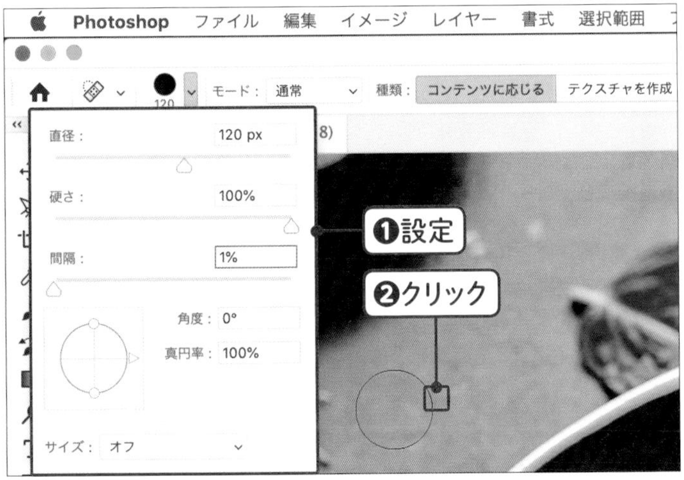

5 ブラシの詳細を変更する

ブラシの詳細を設定するパネルが開きました。ブラシの詳細を以下のように設定します❶。設定が終わったら、画面の何もない箇所をクリックします❷。

直径	120px
硬さ	100%
間隔	1%

角度	0%
真円率	100%
サイズ	オフ

6 唐辛子を消す

ブラシの設定が完了しました。唐辛子を塗りつぶすように少し大きめの範囲をドラッグします❶。

7 失敗した操作を取り消す

慣れないうちは、意図しない作業結果になることもあるので、失敗したと思ったら［編集］メニュー→［スポット修復ブラシツールの取り消し］の順にクリックして操作を取り消します❶。

MEMO

command キー（Windowsでは Ctrl キー）を押しながら z キーを押すことでも操作を取り消すことができます。

8 枝豆を消す

唐辛子が消え、テーブルのテクスチャが自然な感じで表現されました。続いて、右上の方にある枝豆2粒も同じようにドラッグして消します❶。

9 唐辛子と枝豆が消えた

唐辛子と枝豆が消去され、テーブルの上がスッキリしました。

Check! ブラシの直径と硬さをかんたんに変更するテクニック

P.121では、オプションバーからブラシの直径と硬さを変更しましたが、操作に慣れてきたら、マウスとキーボードを使って変更することが可能です。スポット修復ブラシツールを選択してマウスカーソルが円形になった状態で、control キーと option キーを押します（Windowsでは Alt キーを押しながら右クリック）。そのままマウスを左右に動かすと直径が変化していきます。
また、マウスを上下方向に動かすとブラシの硬さが変化して、周囲がぼけた状態からくっきりした状態まで変わっていきます。このテクニックは、他のブラシの直径の設定が必要なツールでも利用可能です。

Lesson

02 写真の色味を修整しよう

練習ファイル　0602a.psd
完成ファイル　0602b.psd

ここでは、写真全体の色味を変更する方法について学びます。[調整レイヤー]という機能を使い、あとから何回でも編集し直したり、取り消したりすることができる方法で変更していきます。

1 使わないパネルをたたむ

[レイヤー]パネルの表示が狭い場合、画面右にある[プロパティ]パネルなどの使わないタブをダブルクリックしてたたみます❶。

2 [調整レイヤー]を追加する

[レイヤー]パネルが広く表示されました。写真の上にさまざまな変更を付け加えることができる[調整レイヤー]を挿入します(P.127のCheck!参照)。図を参考に[レイヤー]パネル下部の[塗りつぶしまたは調整レイヤーを新規作成]アイコン◐をクリックします❶。

3 [色相・彩度] を選択する

メニューが表示されるので、[色相・彩度] をクリックします❶。

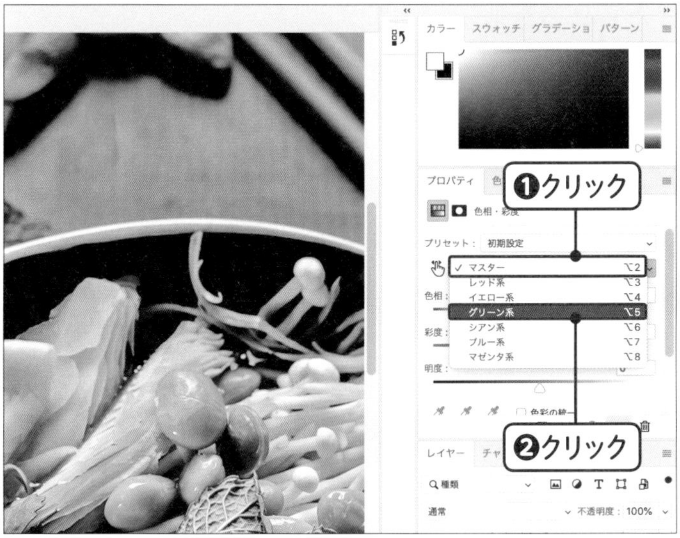

4 [プロパティ] パネルで [グリーン系] を選択する

[プロパティ] パネルが開き、[色相・彩度] の詳細設定項目が表示されました。上から2番目にある[マスター] というドロップダウンメニューをクリックし❶、[グリーン系] をクリックします❷。

MEMO

この操作を行うと、選択した色相だけに変化が適用されます。[マスター] の場合は画面全体に対して変化が適用されます。必要に応じて使い分けてください。

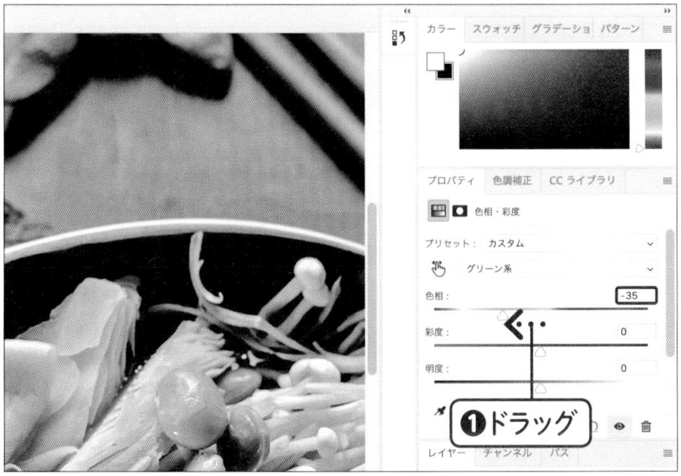

5 色相を変更する

操作の範囲が [グリーン系] に設定されました。[色相] のスライダを「-35」になるようにドラッグします❶。写真内の緑色の部分 (葉っぱや枝豆など) の黄色みが強くなります。

6 [調整レイヤー]をもう1つ追加する

今度はコントラストを変えてみます。[レイヤー]パネル下部の[塗りつぶしまたは調整レイヤーを新規作成]アイコン をクリックし❶、[明るさ・コントラスト]をクリックします❷。

7 コントラストの数値を大きくする

[プロパティ]パネルの表示内容が[明るさ・コントラスト]の詳細設定になりました。[コントラスト]のスライダを「50」になるようにドラッグします❶。

8 写真のコントラストが変化した

写真のコントラストが高くなりました。[レイヤー]パネルの中に「色相・彩度 1」と「明るさ・コントラスト 1」が追加されています。これが[調整レイヤー]で、これにより写真の色が変化しています。

9 元の色と比較してみる

変更前と変更後の写真を比較してみます。[レイヤー] パネルの左側にある [レイヤーの表示／非表示] ボタンをクリックします❶。[調整レイヤー] が非表示になるので、変更前の写真を確認することが可能です。

MEMO

確認が終わったら、[調整レイヤー] は再度表示させておいてください。

Check! [調整レイヤー] とは

[調整レイヤー] とは、写真のレイヤーそのものに手を加えることなく、写真の上にシートを重ねて一時的に変更されているように見せてくれる機能です。表示／非表示を切り替えることも可能ですし、不要になったら削除することもできます。

・[調整レイヤー] を表示

・[調整レイヤー] を非表示

Lesson
03 写真の一部分を選択して保存しよう

ここでは、写真の中の一部分を選択した「選択範囲」を作成し、保存する方法を学びます。同じ範囲を繰り返し編集するときに便利です。

練習ファイル　0603a.psd
完成ファイル　0603b.psd

1 写真を全体表示にする

写真が拡大表示されている場合は、全体表示に戻します。[表示]メニュー→[画面サイズに合わせる]の順にクリックします❶。

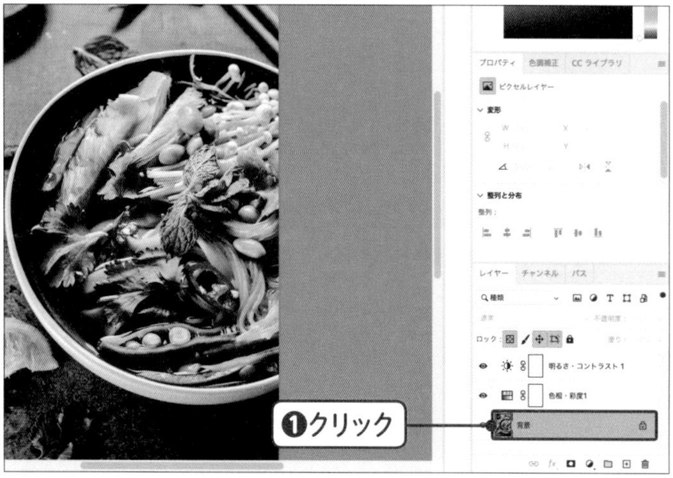

2 [レイヤー]パネルでレイヤーを選択する

写真全体が表示されました。作業を開始する前に、[調整レイヤー]ではなく[背景]レイヤーを選択しておく必要があります。[レイヤー]パネルの中の[背景]レイヤーをクリックします❶。

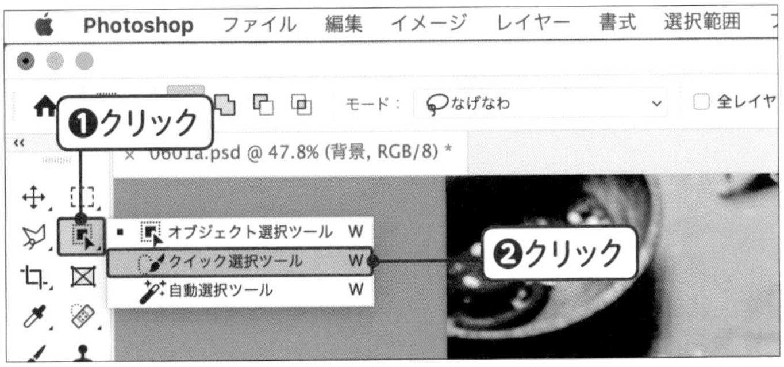

3 [クイック選択] ツールを選択する

[背景] レイヤーが選択されました。ツールパネルの [オブジェクト選択] ツール を長押しし❶、表示されたメニューから [クイック選択] ツール をクリックします❷。

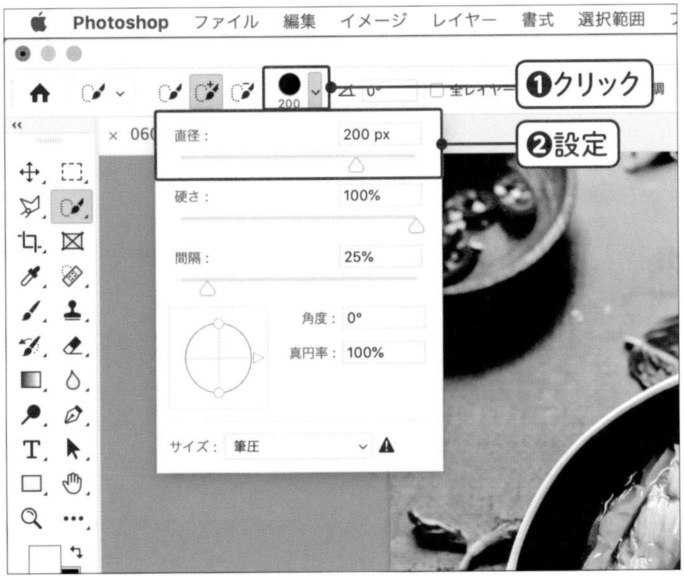

4 ブラシの大きさを変更する

[クイック選択] ツール が選択されました。図を参考にオプションバーの直径を変更するボタンの をクリックし❶、ブラシの [直径] を「200」px に設定します❷。

MEMO

クイック選択ツールは、Photoshop が自動的につながっている領域を判断して選択範囲を作成してくれるツールです。色味や明るさなどに左右されず、選択範囲をつなげてくれます。

5 うつわの中をすこしずつ選択していく

ブラシの直径が設定できました。メインの大きなうつわの内側をすべて選択していきます。右上のエノキダケのあたりからスタートし、少しずつドラッグして選択範囲をつなげていきます❶。

MEMO

きれいな選択範囲を作成するためには、ブラシの直径が選びたい領域の外側にはみ出ないようにするのがコツです。

6 はみ出した部分を削除する

間違えてうつわの外側に選択範囲がはみ出した場合には、[クイック選択]ツール のまま option キー(Windowsでは Alt キー)を押します。選択範囲を削除するモードになるので、外側から選択範囲をドラッグして削っていきます❶。

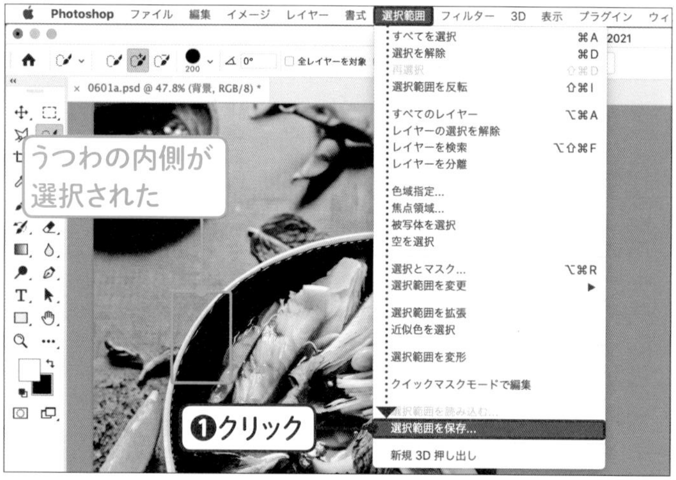

7 選択範囲を保存する

うつわの内側がすべて選択され、選択範囲が完成しました。この選択範囲を何回でも利用できるように保存します。[選択範囲]メニュー→[選択範囲を保存]の順にクリックします❶。

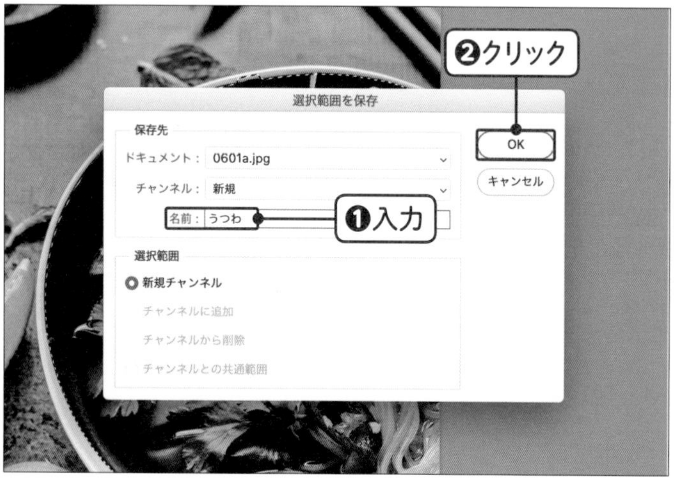

8 選択範囲に名前を付ける

[選択範囲を保存]ダイアログボックスが表示されるので、[名前]欄に「うつわ」と入力します❶。それ以外の項目はそのままにして、[OK]ボタンをクリックします❷。

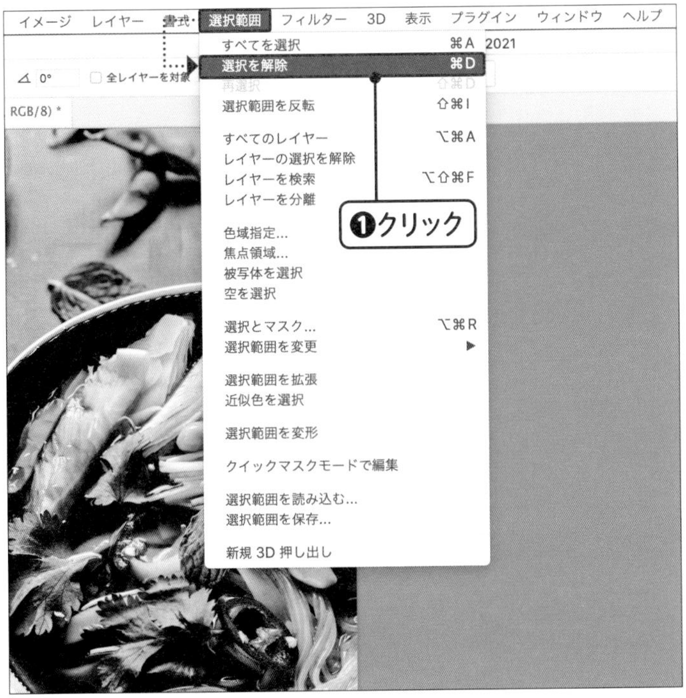

9 選択を解除する

選択範囲が保存できたので、いったん解除してみます。[選択範囲] メニュー→ [選択を解除] の順にクリックします❶。

10 選択範囲が解除された

選択範囲が解除されました。保存した選択範囲は、次の節で利用します。

Check! 選択範囲を保存するメリット

複雑な写真編集にチャレンジするようになると、同じ選択範囲を何度も設定したり外したりする必要が出てくることもあります。もし選択範囲を保存していなければ、何度も[クイック選択]ツールなどを使って作業をし直す必要があり、大変非効率です。選択範囲を保存しておけば、あとから何回でも呼び出して利用することができます。

Lesson 04

写真の一部分の明るさを修整しよう

練習ファイル　0604a.psd
完成ファイル　0604b.psd

ここでは、前節で保存した選択範囲を呼び出し、その範囲の明るさを変更する方法を学びます。また、選択範囲を反転させるテクニックも解説します。

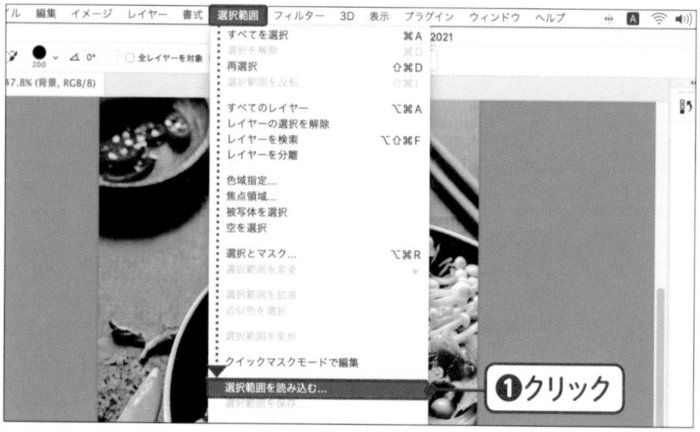

1 選択範囲を読み込む

前節で保存した選択範囲を再度呼び出します。[選択範囲]メニュー→[選択範囲を読み込む]の順にクリックします❶。

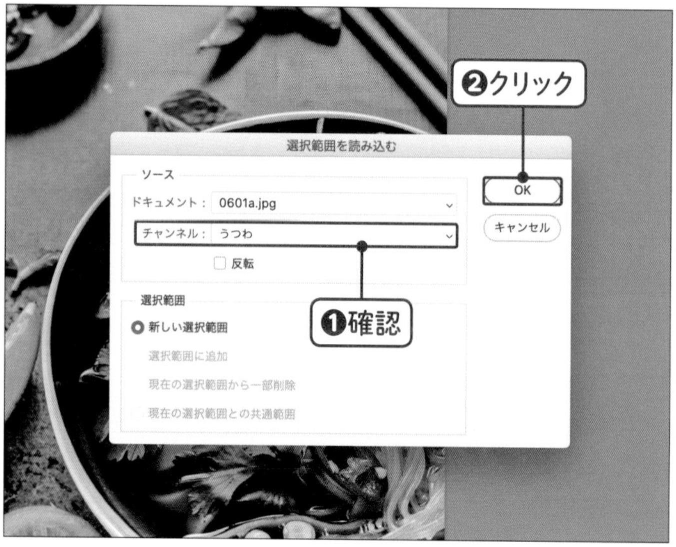

2 前節で保存した選択範囲を選ぶ

[選択範囲を読み込む]ダイアログボックスが表示されるので、[チャンネル]の欄に「うつわ」と表示されているのを確認し❶、[OK]ボタンをクリックします❷。

MEMO

保存した選択範囲が複数ある場合は[チャンネル]欄に複数の名前が表示されるので、利用するものをドロップダウンメニューから選択します。

3 選択範囲が表示された

前節で選択したのと同じ状態の選択範囲が表示されました。

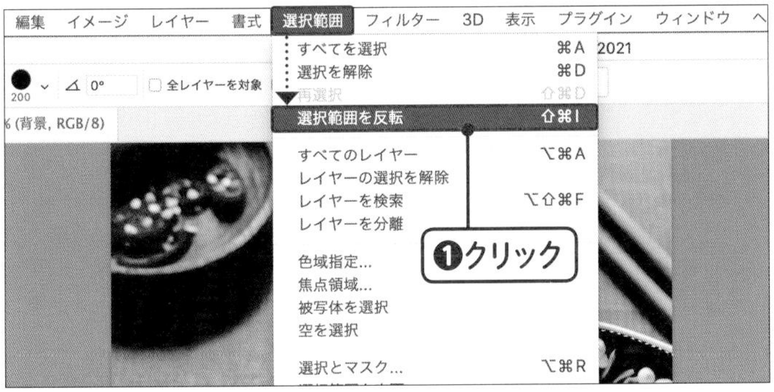

4 選択範囲を反転する

選択範囲を反転させ、うつわの外側の領域すべてが選択されるようにします。[選択範囲] メニュー→[選択範囲を反転] の順にクリックします❶。

5 [レイヤー] パネルで[調整レイヤー] を追加する

選択範囲が反転され、周囲を取り囲む点線が変化したのがわかります。この状態のまま [レイヤー] パネルの下部から [塗りつぶしまたは調整レイヤーを新規作成] アイコン をクリックし❶、表示されるメニューから [レベル補正] をクリックします❷。

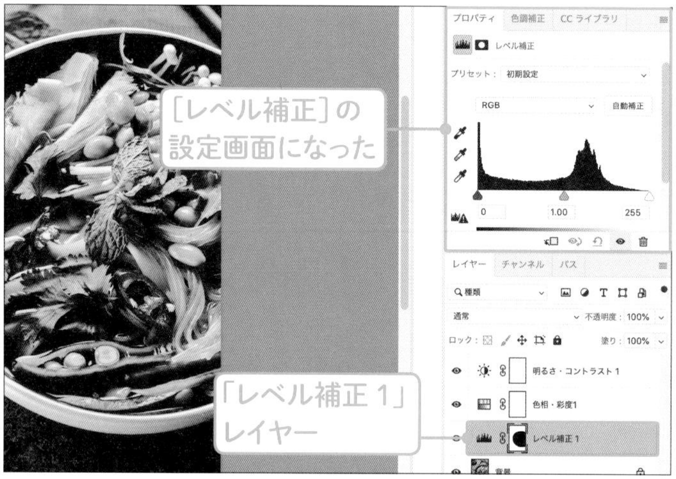

6 「レベル補正」に関する情報が表示された

[レイヤー]パネル内に「レベル補正 1」レイヤーが追加され、[プロパティ]パネルに「レベル補正」の詳細設定内容が表示されます。

MEMO

「レベル補正」は、写真の明るさや色調のバランス、シャドウやハイライトを詳細に設定できる機能です。

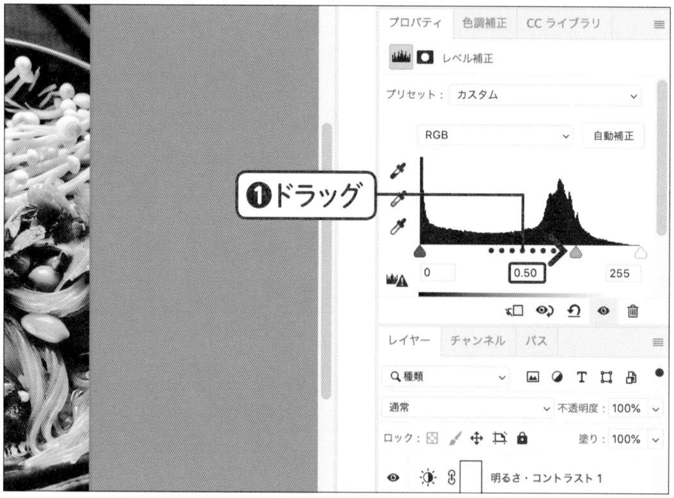

7 選択範囲内の明るさを変える

[属性]パネル内にあるグラフ下部の中央にあるグレーの三角形を、数値が「0.50」になるようにドラッグします❶。

MEMO

このグラフのような部分は「ヒストグラム」と呼ばれ、写真の色の成分が明るさ別にどのくらい含まれているかを視覚化したものです。

8 うつわの周囲が暗くなった

うつわの周囲の部分だけが暗くなりました。これは、選択範囲で指定された部分だけに[調整レイヤー]の調整内容が反映されているためです。

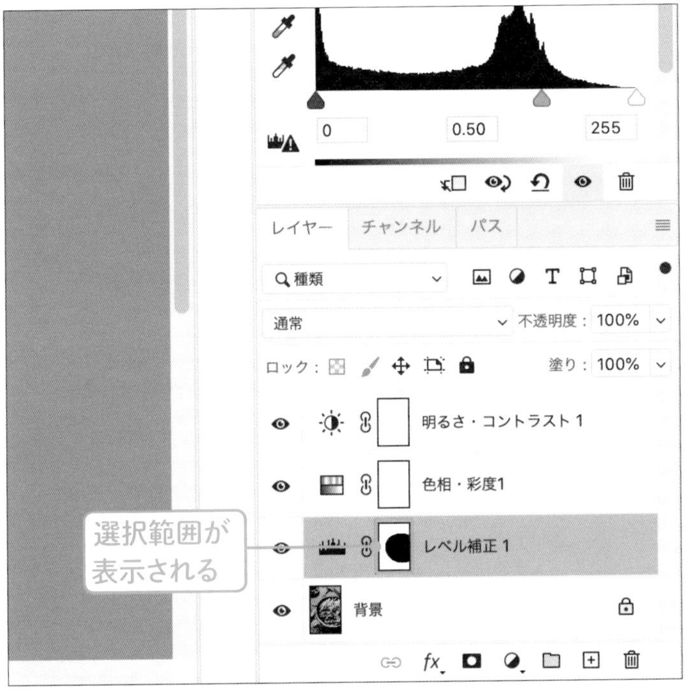

9 マスクを確認する

[レイヤー] パネルの「レベル補正 1」レイヤーには、調整が適用された選択範囲が表示されたマスクがついています。

MEMO

マスクとは、特定のエリアだけを保存し、その中だけを表示したり効果をつけたりする機能のことです。このように、選択範囲を作成して[調整レイヤー]を追加すると、選択範囲だけに適用されます。

10 写真を保存する

作業がすべて終わったので、写真を保存します。[ファイル] メニュー→[保存] の順にクリックし❶、表示されるダイアログボックスで [コンピューターに保存] をクリックします❷。

MEMO

設定によっては、ダイアログボックスが表示されない場合もあります。

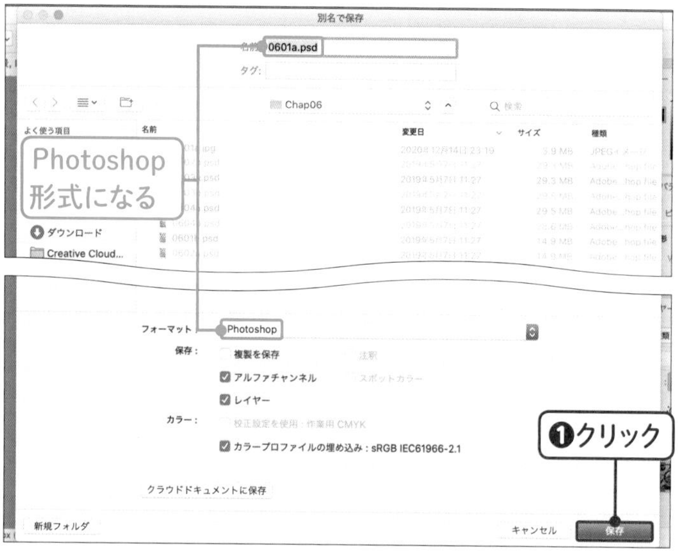

11 Photoshop形式を選択する

ダイアログボックスが表示され、[名前]欄が「0601a.psd」、[フォーマット]が「Photoshop」と表示されます。このまま「Chap06」フォルダを指定して[保存]をクリックします❶。

MEMO

フォーマットがPhotoshop形式に変換される理由は、下記の上のCheck!を参照してください。

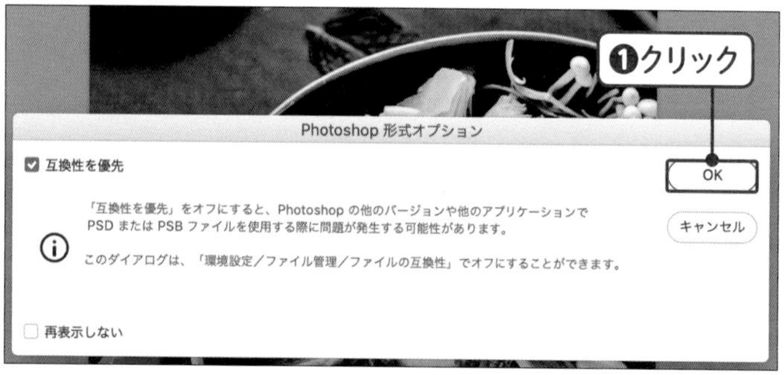

12 Photoshop形式オプションで[OK]をクリックする

[Phoroshop形式オプション]というダイアログボックスが表示される場合は、そのまま[OK]ボタンをクリックします❶。Photoshop形式で写真が保存されます。

Check! なぜPhotoshop形式で保存されるの?

この章の最初で作業を開始するときには「.jpg」形式の写真だったのに、作業を進めて保存するときには「.psd(Photoshop)」形式になるのはなぜでしょうか? 実は「.jpg」のファイル形式では、複数のレイヤーを含んだまま保存することができません。今回の作業では[調整レイヤー]を複数追加したため、Photoshopが自動的に「.psd」形式に変換してくれたのです。

Check! [調整レイヤー]と「非破壊編集」

アドビのサイトや他の解説書などを読むと、「非破壊編集」という用語を見かけることがあるかと思います。今回の作例のように[調整レイヤー]を利用した編集は、レイヤーを捨てれば写真が元の状態に戻るため、元のデータが非可逆的に破壊されてしまうことはありません。このような編集方法を「非破壊編集」と呼び、あとでやり直しをするときに困らないので一般的に推奨されています。

Chapter

7

写真を加工しよう
～Photoshop

この章では、写真の一部を切り抜いて向きを変えたり、背景の大きさが足りない写真を自動的に補完してサイズ変更したりといった、写真の加工についての手法を学びます。

Visual Index Chapter 7

写真を加工しよう ～Photoshop

完成イメージ

POINT 1

POINT 2

POINT 3

POINT 4

この章のポイント

POINT 1 背景の足りない写真を自動的に補完する

[切り抜き] ツールの設定を変更することで、背景の足りない部分をPhotoshopが自動的に補完してくれます。

→P.140

POINT 2 写真の一部分を別の場所にコピーする

[コピースタンプ] ツールを利用し、写真の一部分を別の場所にコピーすることができます。

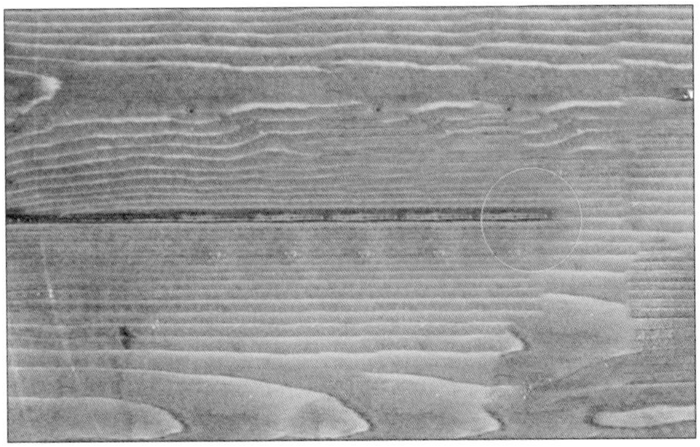

→P.142

POINT 3 写真の中の一部分を逆方向にする

[自由変形] 機能を使って、写真の一部分を裏返しにすることができます。

→P.144

POINT 4 写真の暗い部分を明るくする

[覆い焼き] ツールを使い写真の暗い部分を明るくすることができます。

→P.148

Lesson 01

写真の足りない背景を補おう

ここでは、正方形の写真を横長の構図に変えるため、木でできたテーブルの部分を広げて背景を補っていきます。［切り抜き］ツールの［コンテンツに応じる］機能を利用すると、Photoshopが自動的に画像を補ってくれます。

練習ファイル　0701a.psd
完成ファイル　0701b.psd

1 ［コンテンツに応じる］のチェックを入れる

P.120を参考にPhotoshopを起動し、「Chap07」内の「0701a.psd」を開いておきます。ツールパネルから［切り抜き］ツール をクリックし❶、オプションバーの［切り抜いたピクセルを削除］のチェックを外し❷、［コンテンツに応じる］にチェックを入れます❸。

MEMO

［コンテンツに応じる］にチェックを入れると、画像を拡大／回転する際に生じる隙間をPhotoshopが自動的に補完してくれます。

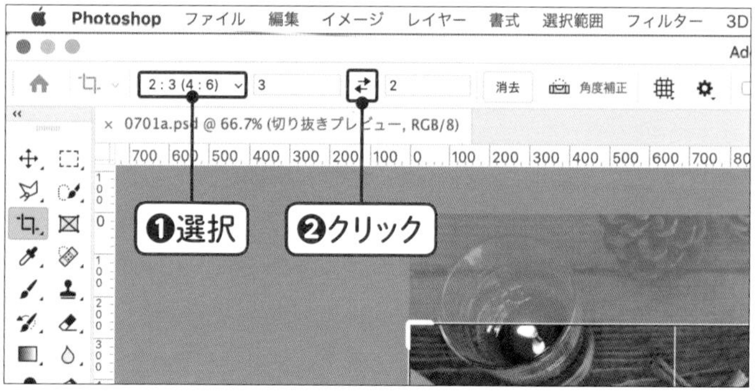

2 比率を変更して横位置にする

オプションバー左上の比率のドロップダウンメニューから［2:3（4:6）］を選択し❶、図を参考に縦横比率を入れ替えるボタン をクリックします❷。

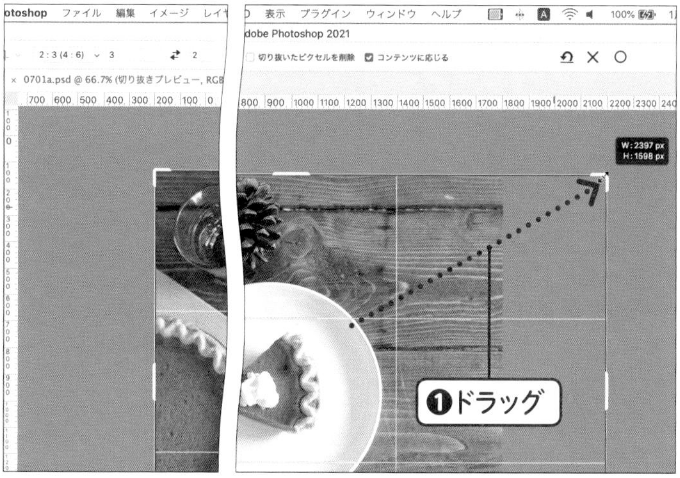

3 右上の角を合わせる

切り抜き枠の縦横比率が入れ替わり、横長の枠になりました。図を参考に右上のハンドルを右上方向にドラッグして❶、画像のはみ出した部分が中に入るように枠を広げます。

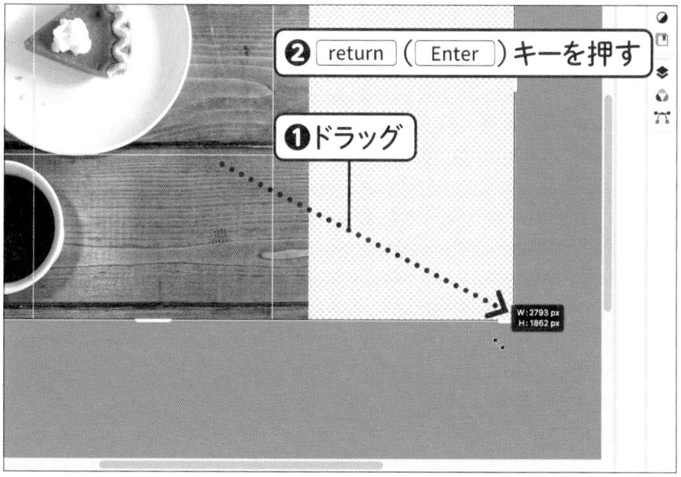

4 右下の角を合わせる

同様に、右下のハンドルを右下方向にドラッグし❶、画面下部が枠の中に入るようにします。最後に return キー（Windowsでは Enter キー）を押して確定します❷。

5 テーブルの木目が付け足された

Photoshopが計算をするのにしばらく時間がかかりますが、画面右側に木目が繰り返されて、拡大した範囲が付け足されました。

Lesson 02

写真の一部分をコピーしよう

練習ファイル 0702a.psd
完成ファイル 0702b.psd

写真の一部分をコピーして別の箇所を塗りつぶす方法を学びます。この機能は、長さの足りないものを足したいときなどに利用できます。ここでは、板張りのテーブルの溝を足す操作に利用してみます。

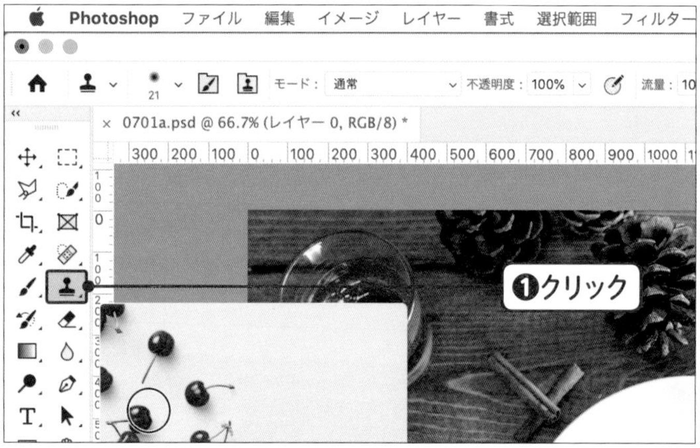

1 [コピースタンプ] ツールを選択する

ツールパネルから [コピースタンプ] ツール をクリックします❶。

MEMO

[コピースタンプ] ツール は、写真内の一部領域を指定し、その領域の画像で他の場所を塗りつぶすことができる機能です。

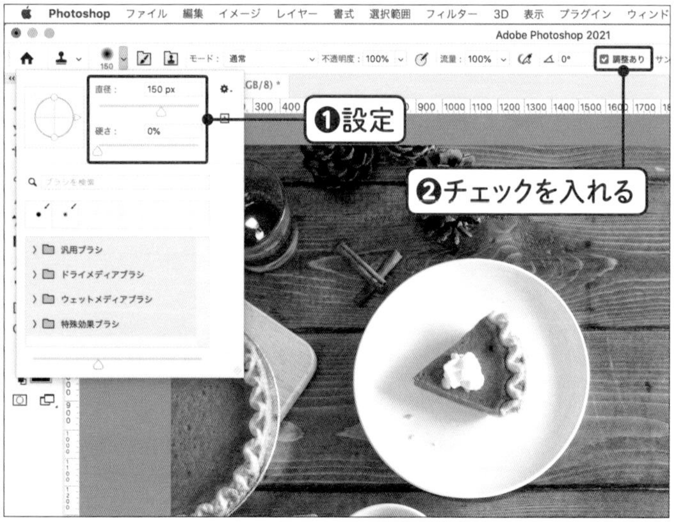

2 ツールの設定を変更する

[コピースタンプ] ツール が選択されました。図を参考に、オプションバー上でブラシの直径を「150」、硬さを「0%」に設定し❶、[調整あり] にチェックを入れます❷。

MEMO

[調整あり] にチェックを入れると、コピー元とコピー先の相対的な位置関係が維持される設定となり、長い領域をコピーするときなどにぴったりの挙動になります。

3 コピー元になる部分を指定する

図を参考に、ケーキ皿右の溝にブラシの円を合わせ、option キー（Windowsでは Alt キー）を押しながらクリックします❶。クリックした領域がコピー元として指定されます。

4 テーブルの溝が消えた部分に溝をコピーする

右側の溝がない部分にマウスカーソルを移動し、少しずつ右方向にドラッグします❶。先ほどコピー元として指定した部分の溝が、何もない部分にコピーされていきます。

MEMO

コピー元の溝の長さが足りず、コピー作業が途中で途切れてしまう場合は、一度マウスから手を離し、少し左側から再開するとうまくつながります。

5 溝の部分がコピーされた

コピー元として指定した溝の部分が、きれいにコピーされて延長されました。他の溝も同じように作業し、すべての溝がきちんと画面右端までつながるようにします。

Lesson

03 写真の一部分を逆向きにしよう

練習ファイル　0703a.psd
完成ファイル　0703b.psd

ここでは、写真の一部分を［オブジェクト選択］ツールで選択し、向きと大きさを変更します。これにより、選択した範囲のみを反転したり拡大したりすることができます。

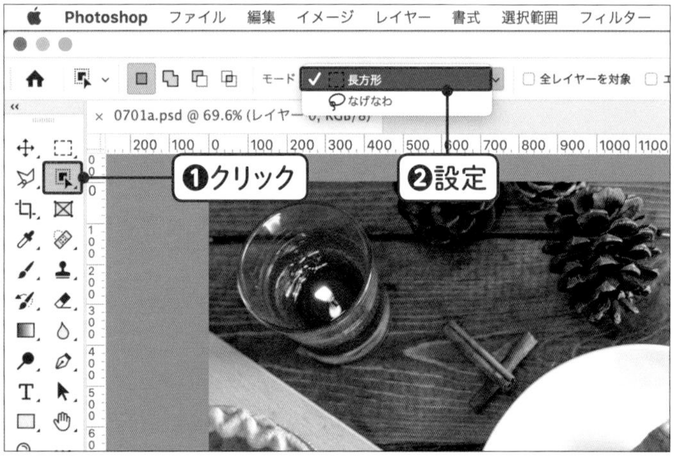

1 ［オブジェクト選択］ツールを選択する

ツールパネルから［オブジェクト選択］ツール をクリックし❶、［モード］を［長方形］に設定します❷。

2 白いお皿を囲むように選択する

［オブジェクト選択］ツールの［長方形］モードが選択できました。白いお皿を囲むようにドラッグし❶、お皿全体が選択範囲の中に入るようにします。

MEMO

選択に失敗した場合は、［選択範囲］メニュー→［選択を解除］の順にクリックして、最初からやり直してみましょう。

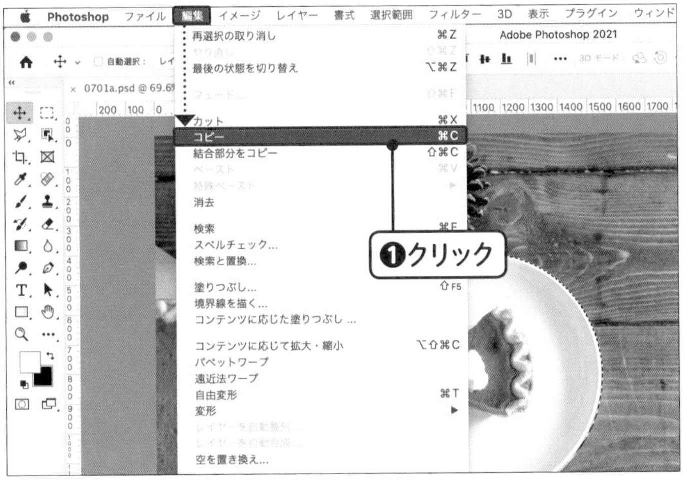

3 選択した部分をコピーする

長方形の選択範囲内の主要な被写体として、自動的に白いお皿全体が選択されました。[編集] メニュー→ [コピー] の順にクリックします❶。

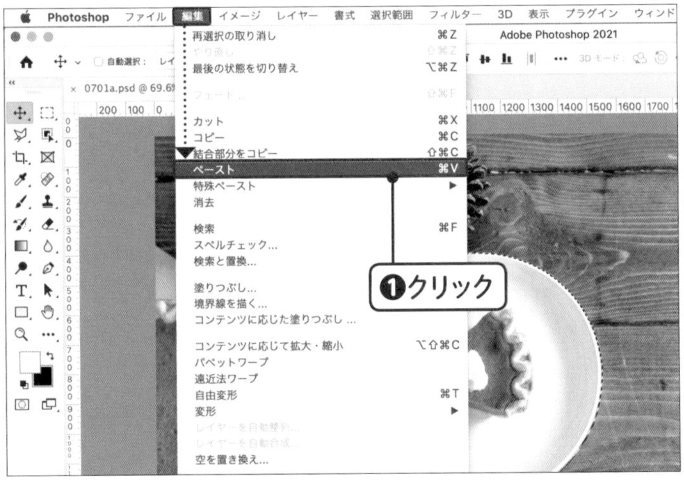

4 コピーした部分をペーストする

選択範囲で囲まれた部分がコピーされました。[編集] メニュー→ [ペースト] の順にクリックすると❶、コピーされた部分が別のレイヤーとして同じ場所にペーストされます。

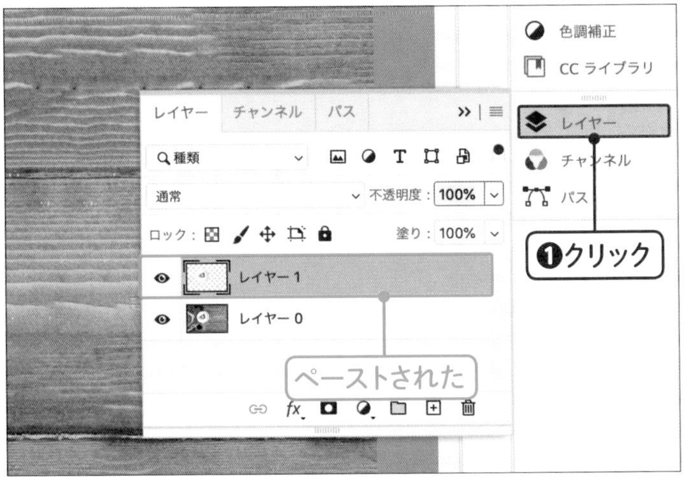

5 [レイヤー] パネルを開いて確認する

[レイヤー] パネルをクリックして開くと❶、お皿の部分だけが「レイヤー 1」としてペーストされているのがわかります。このあと「レイヤー 1」を拡大縮小しても画質が劣化しないように、「スマートオブジェクト」という特別なレイヤーに変換していきます。

6 スマートオブジェクトに変換する

[レイヤー] メニュー→ [スマートオブジェクト] → [スマートオブジェクトに変換] の順にクリックします❶。

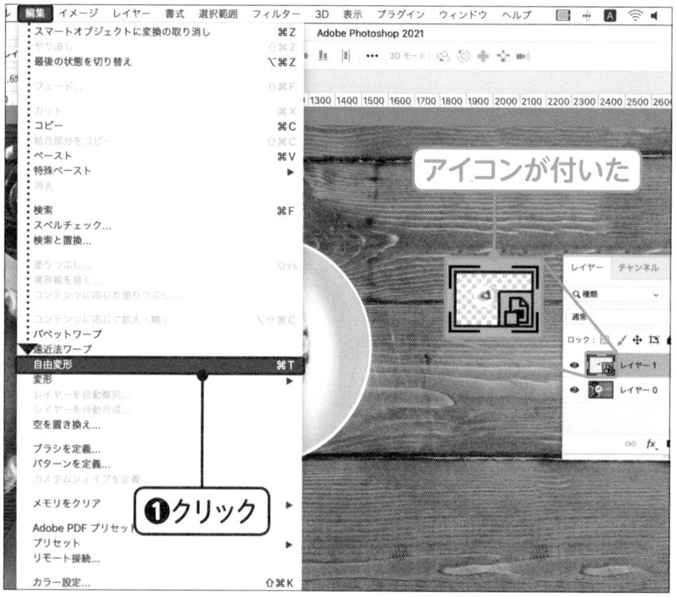

7 [自由変形] を選択する

「レイヤー 1」にドキュメントのようなかたちのアイコン が付き、スマートオブジェクトに変換されました。次にこのレイヤーを拡大するので、[編集] メニュー→ [自由変形] の順にクリックします❶。

Check! 「スマートオブジェクト」とは?

「スマートオブジェクト」とは、レイヤーの画質を保護するカプセルのようなものです。普通のレイヤーをスマートオブジェクトに変換すると、拡大縮小や回転などの操作をしても画質が粗くならずに保つことができます。ここでは、お皿の部分を拡大して使用するため、スマートオブジェクトに変換してから拡大操作を行います。

8 水平方向に反転する

バウンディングボックスが表示されました。control キーを押しながらクリック(Windowsでは右クリック)し❶、コンテキストメニューから[水平方向に反転]をクリックします❷。

9 少し大きくして隙間を埋める

「レイヤー1」すなわちお皿の部分だけが、左右反転しました。下のレイヤーのお皿がちょっとだけはみ出して見えるので、右上と左下のハンドルを外側にドラッグし❶、「レイヤー1」のお皿を少し大きくすることで下のレイヤーのお皿を隠します。

10 操作を確定する

お皿が大きくなり、隙間が隠れました。return キー(Windowsでは Enter キー)を押すと❶、ここまでの操作が確定されます。

Lesson **04**

写真内の影を消去しよう

練習ファイル 0704a.psd
完成ファイル 0704b.psd

[覆い焼き]ツールを利用して、白いお皿に落ちたケーキの影を明るくすることで消去する方法を学びます。前節で作成したスマートオブジェクトの写真を編集する操作も練習しましょう。

1 スマートオブジェクトをダブルクリックする

スマートオブジェクト内の画像を編集するには、スマートオブジェクトを開く必要があります。図を参考に、レイヤーパネル上のサムネイルにあるアイコンをダブルクリックします❶。アラートが表示された場合は[OK]ボタンを押して次に進みます。

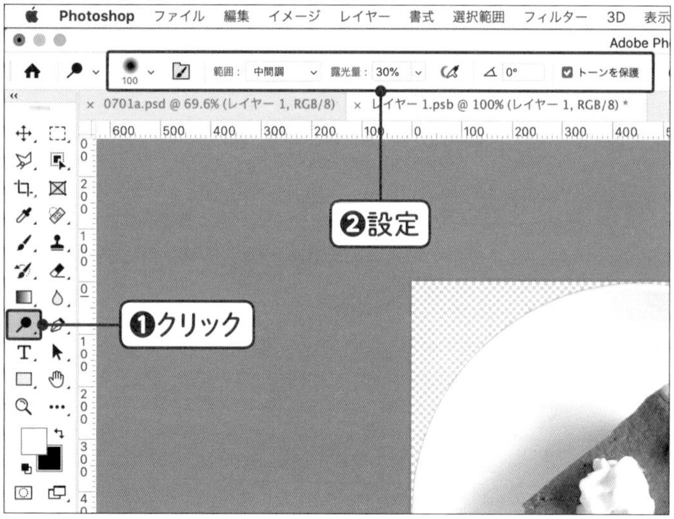

2 [覆い焼き]ツールを選択して詳細を設定する

「レイヤー 1.psb」というファイルが別に開き、スマートオブジェクト内の画像を編集できる状態になりました。ツールパネルから[覆い焼き]ツール をクリックし❶、オプションバーの内容を以下のように設定します❷。

ブラシの直径／硬さ	100px／10%
範囲	中間調
露光量	30%
トーンを保護	チェックを入れる

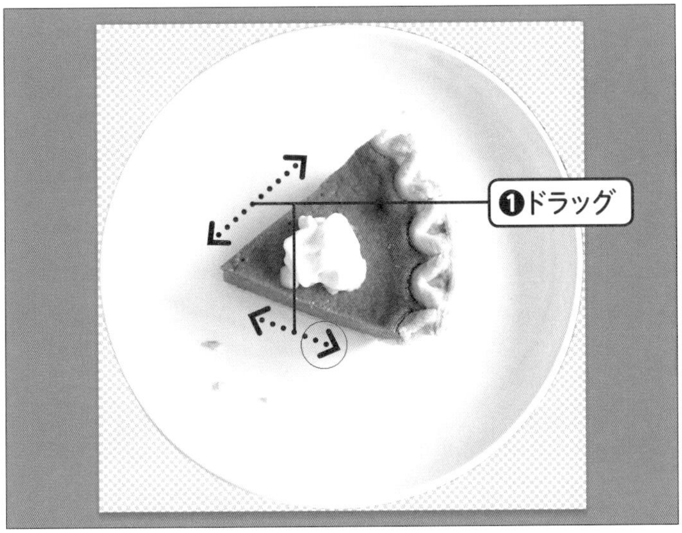

3 影の部分を少しずつ明るくしていく

[覆い焼き]ツール の設定が完了したら、お皿に落ちたケーキの影の部分をドラッグすると、少しずつ影が薄くなっていきます。影がほとんどなくなるまで、繰り返しドラッグします❶。

MEMO

[覆い焼き]ツール は、色の濃さを薄くしていくツールです。銀塩写真を暗室で紙焼きするときの道具がモチーフになっています。

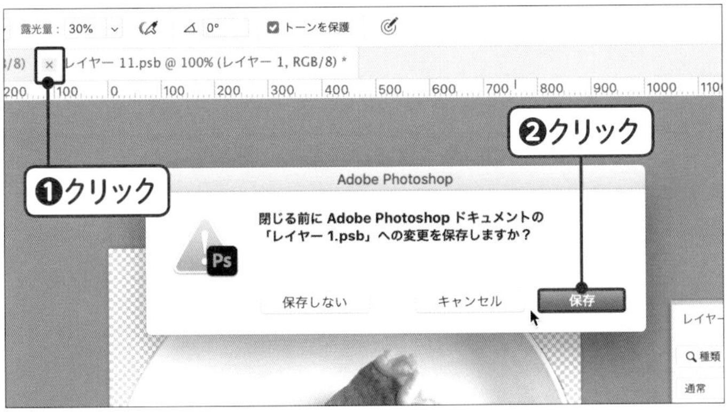

4 ファイルを保存して閉じる

お皿の影が薄くなったら、ファイルを保存して閉じます。ファイル名のタブ上にある[×]をクリックし❶、表示される画面で[保存]ボタン(Windowsでは[はい]ボタン)をクリックします❷。

5 元のファイルに変更が反映された

「レイヤー1.psb」が閉じて、元のドキュメントが表示されました。スマートオブジェクト内の画像を編集したため、元のドキュメントにも編集内容が反映されていることがわかります。

MEMO

スマートオブジェクトを開くとケーキはオリジナルの向きですが、編集を終えると水平に反転された状態になっていることに注意しましょう。

Lesson

05 完成した写真を[CCライブラリ]に登録しよう

ここでは、完成した写真を[CCライブラリ]に登録し、Illustratorなど他のアドビ製品のドキュメントから呼び出して利用できるように設定します。

練習ファイル　0705a.psd
完成ファイル　0705b.psd

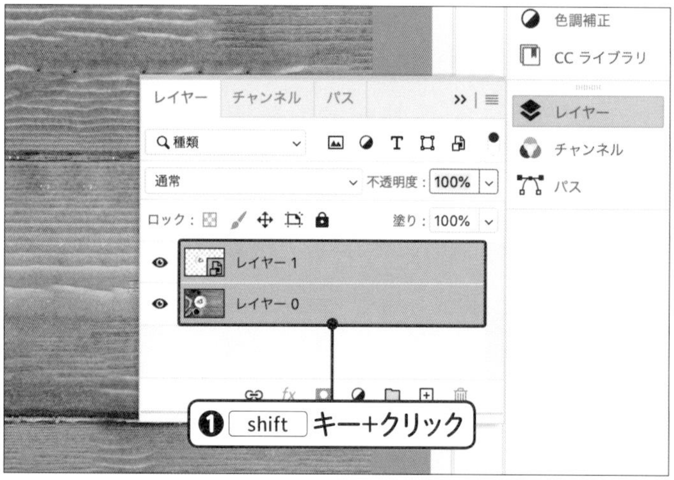

1 レイヤーを2つとも選択する

2つのレイヤーをグループにするため、同時に選択していきます。shift キーを押しながら、「レイヤー0」と「レイヤー1」を順番にクリックします❶。

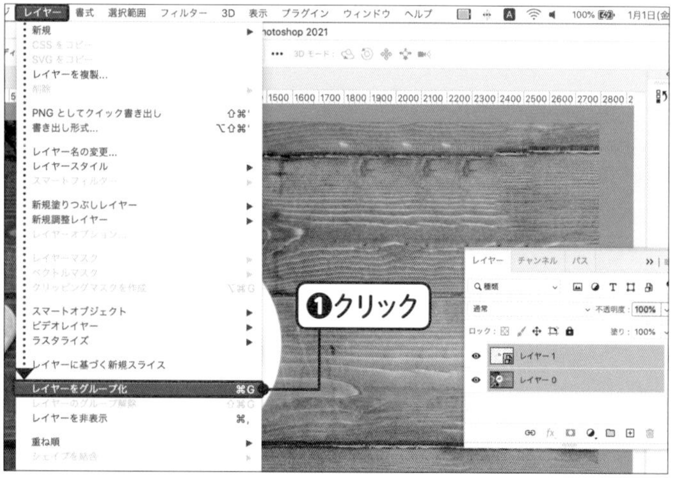

2 選択したレイヤーをグループにする

「レイヤー0」と「レイヤー1」が同時に選択されました。これらをグループにしていきます。[レイヤー]メニュー→[レイヤーをグループ化]の順にクリックします❶。

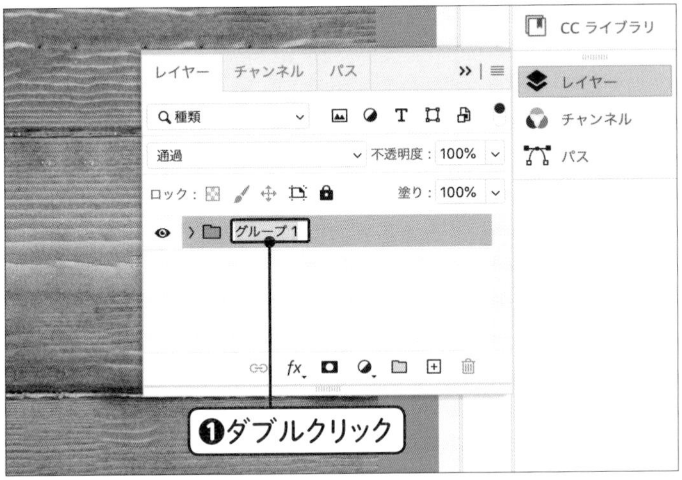

3 できあがったグループの名前を変更する

2つのレイヤーが[グループ1]にまとめられました。[グループ1]という名前の部分をダブルクリックします❶。

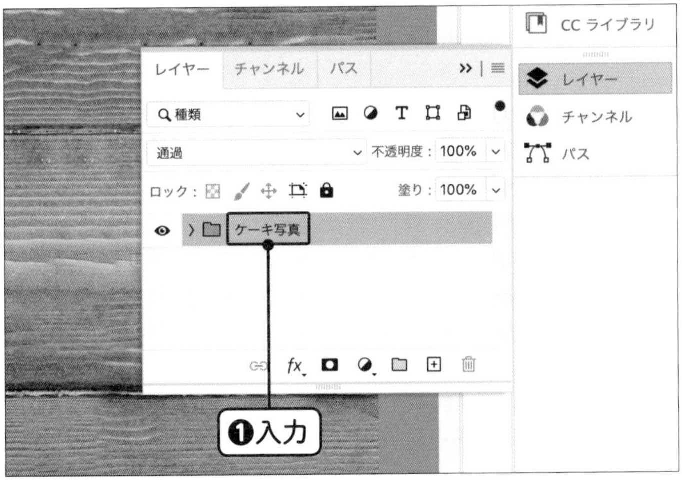

4 文字を入力する

文字が入力できる状態になったら、「ケーキ写真」と入力して return キー（Windowsでは Enter キー）を押します❶。P.30を参考にしてファイルを保存します。

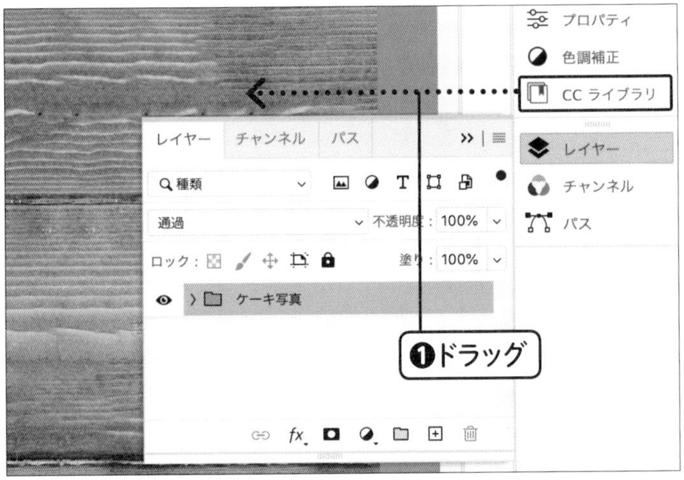

5 [CCライブラリ]パネルを取り外す

画面が狭くて見づらい場合は、[CCライブラリ]パネルの名前のところを左方向にドラッグし❶、パネルを独立させます。

6 「こいぬレストラン」ライブラリを選択する

[CCライブラリ] パネルが取り外された状態になりました。リストから、第5章で作成したライブラリ「こいぬレストラン」を選択します❶。

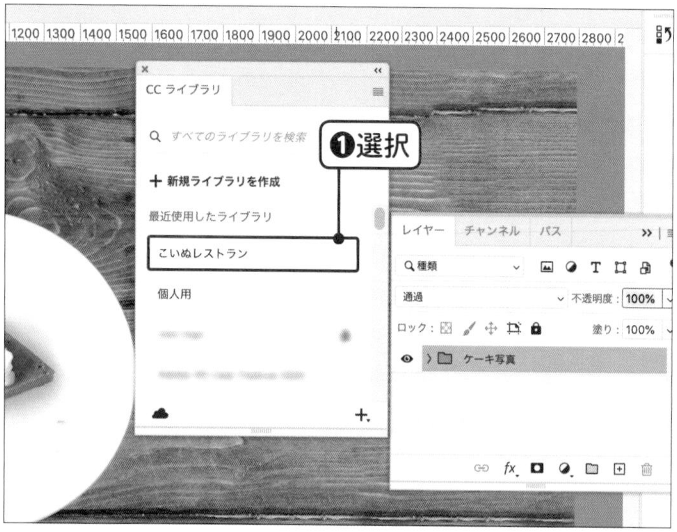

MEMO

ライブラリ「こいぬレストラン」を作成していない場合は、P.84を参考にして作成してください。この操作は、IllustratorとPhotoshopでほぼ共通です。

7 グループをドラッグ&ドロップする

ライブラリ「こいぬレストラン」が選択されました。[レイヤー] パネル内の「ケーキ写真」を[CCライブラリ] パネル内にドラッグ&ドロップします❶。

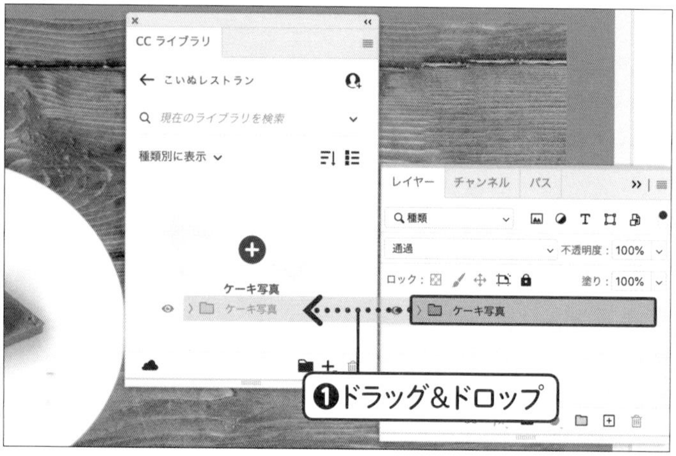

8 CCライブラリに登録された

[CCライブラリ] パネル内に「ケーキ写真」グループが登録されました。これにより、「ケーキ写真」が他のアプリケーションから利用できる素材になりました。

Chapter

8

写真を切り抜いて合成しよう～Photoshop

この章では、写真を切り抜いて別の写真に合成する方法について学びます。また、AIによる被写体認識機能やモデルの顔立ちの調整など、Photoshopの最新機能を使いこなす方法も知りましょう。

Visual Index　Chapter 8

写真を切り抜いて合成しよう ～ Photoshop

完成イメージ

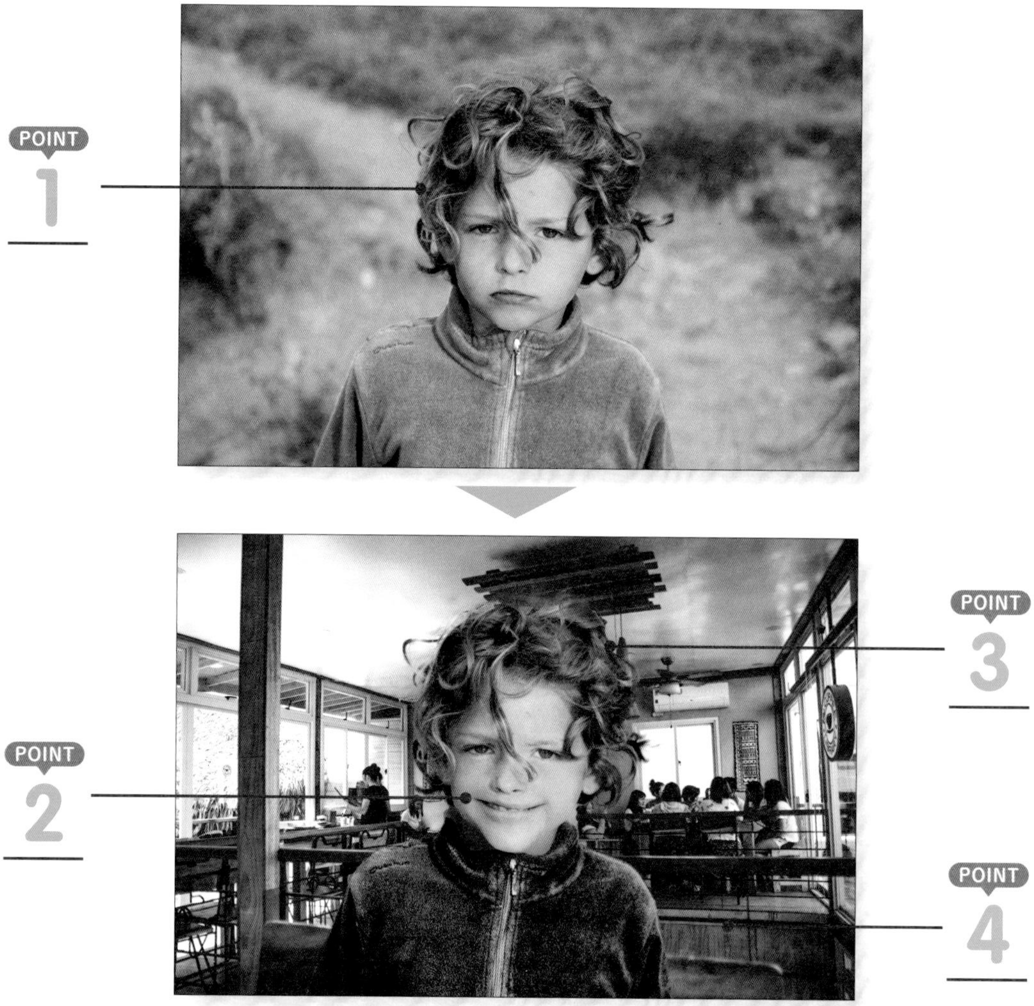

この章のポイント

POINT 1 自動で被写体を選択する機能を使う

AIによる被写体認識機能を利用し、ざっくりドラッグするだけで、写真内の主要な被写体を選択することができます。

→ P.160

POINT 2 人物の目や口を自動で編集する

ニューラルフィルターを利用して、人物の顔を笑顔にしたり、顔にあたる光の向きを変えたりすることができます。

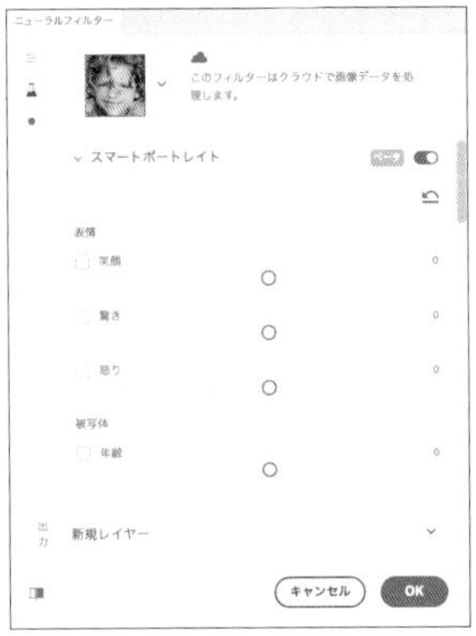

→ P.156

POINT 3 ふわふわした髪の毛などをきれいに切り抜く

ふわふわした髪の毛や動物の毛皮なども、［選択とマスク］機能を利用して細やかに切り抜くことができます。

→ P.162

POINT 4 ファイルをまたいでレイヤーを複製する

あるドキュメント内のレイヤーを、別のドキュメント内で複製することが可能です。コピー&ペーストするよりもかんたんで確実です。

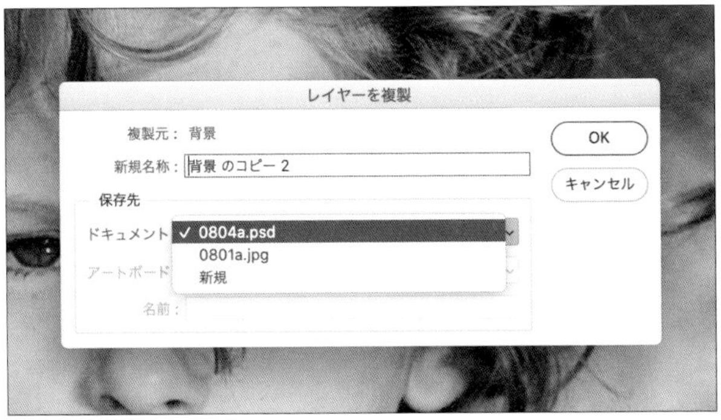

→ P.166

Lesson 01

AI(Adobe Sensei)を活用した機能で人物の表情を変えよう

練習ファイル　0801a.jpg
完成ファイル　0801b.psd

1枚しかない子供の貴重なショットなのに、なぜか笑顔で撮れていない……。そんな写真に関するお悩みをお持ちの方にぜひ試していただきたい、[ニューラルフィルター]を活用した顔の編集方法を紹介します。

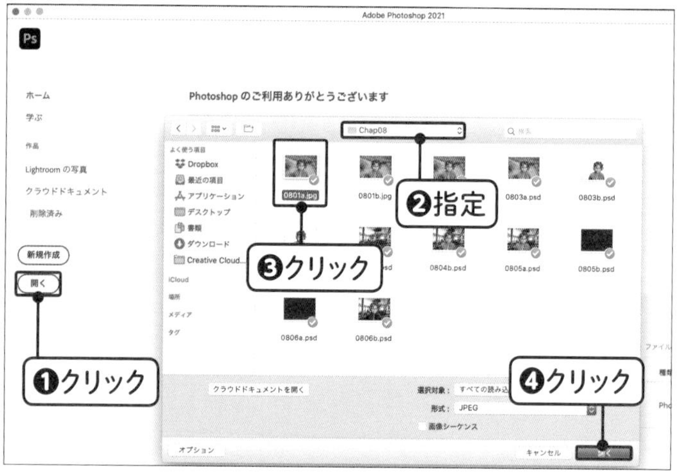

1 素材写真を開く

P.14を参考にPhotoshopを起動します。スタート画面の[開く]ボタンをクリックし❶、練習ファイルの「Chap08」フォルダを指定し❷、「0801a.jpg」をクリックして❸、[開く]ボタンをクリックします❹。

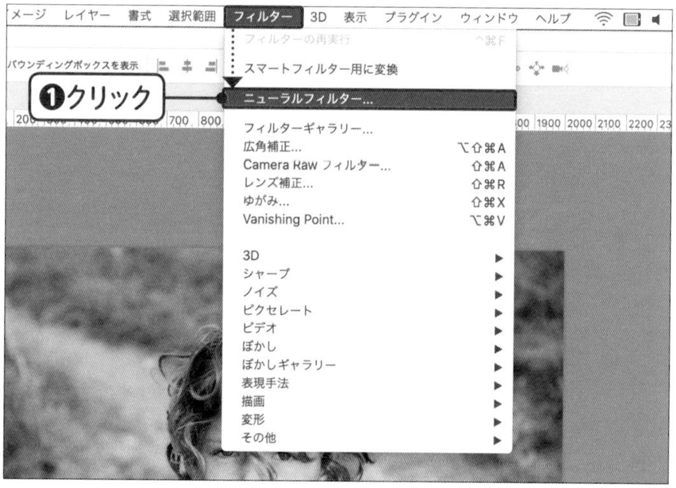

2 [ニューラルフィルター]を選択する

写真「0801a.jpg」が開きました。[フィルター]メニュー→[ニューラルフィルター]の順にクリックします❶。

MEMO

[ニューラルフィルター]の処理はアドビのサーバーに接続して行われるため、この作業を行うためにはお使いのマシンがインターネットに接続している必要があります。また、生成される画像が本書とは異なる場合もあります。

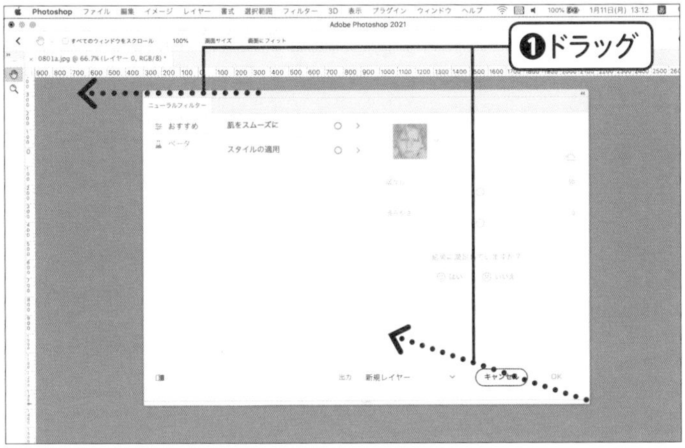

3 パネルの位置と大きさを調整する

ニューラルフィルターのパネルが開きました。写真が隠れている場合は、パネルをドラッグして小さくし、脇に移動させます❶。

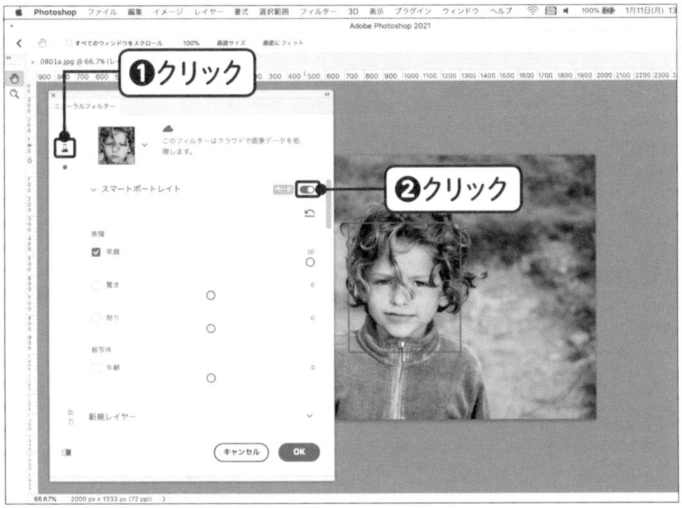

4 [スマートポートレイト]をオンにする

パネルが脇に移動し、写真内の少年の顔が見えるようになりました。パネル内のフラスコのアイコン（ベータ版フィルター）のタブをクリックし❶、[スマートポートレイト]の右側にある切り替えスイッチをクリックしてオンにします❷。

MEMO

スイッチが表示されていない場合は、[ダウンロード]ボタンをクリックしてフィルターをダウンロードします。

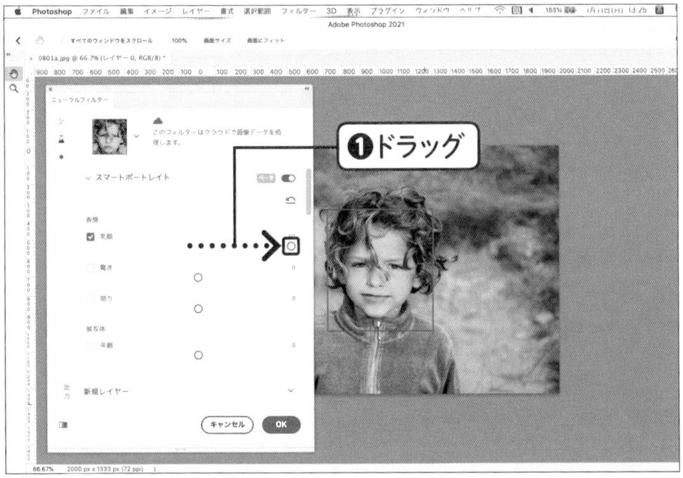

5 [笑顔]のスライダーを調整する

スマートポートレイトの機能が使えるようになりました。[表情]のセクション内にある[笑顔]のスライダーを一番右の「50」までドラッグします❶。

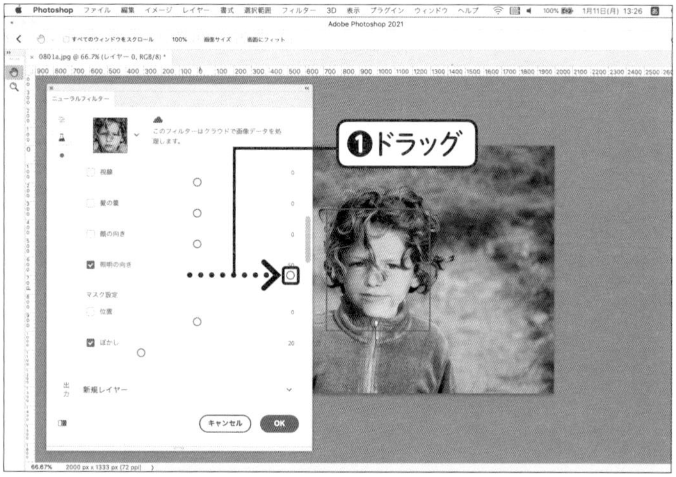

6 ［照明の向き］のスライダーを調整する

少年の口角が上がって、少し機嫌がよさそうな顔になってきました。次は、顔にあたる照明の向きを逆にします。パネルをスクロールして下に移動し、［被写体］のセクション内にある［照明の向き］のスライダーを一番右の「50」までドラッグします❶。

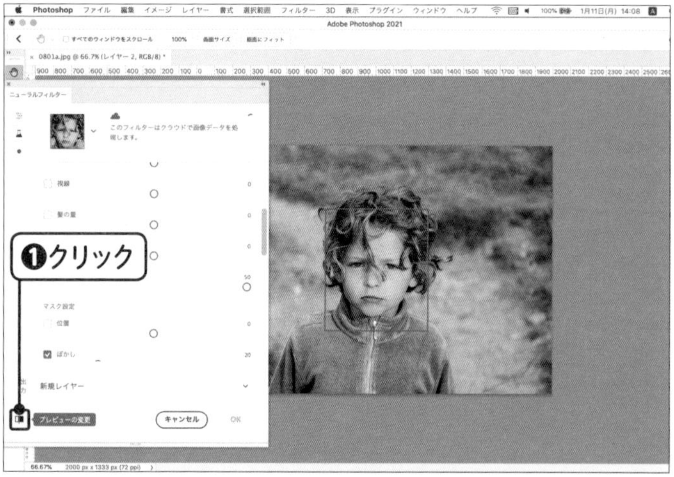

7 編集前と編集後を確認する

少年の向かって左側からあたっていた光が、右側から当たるように変更されました。パネルの左下にある［プレビューの変更］ボタンをクリックし❶、編集前と編集後の変化の様子を確認します。

8 ［OK］ボタンをクリックする

プレビューで顔の変化の様子が問題ないことが確認できたら、パネル右下の［OK］ボタンをクリックして❶、編集を確定させます。

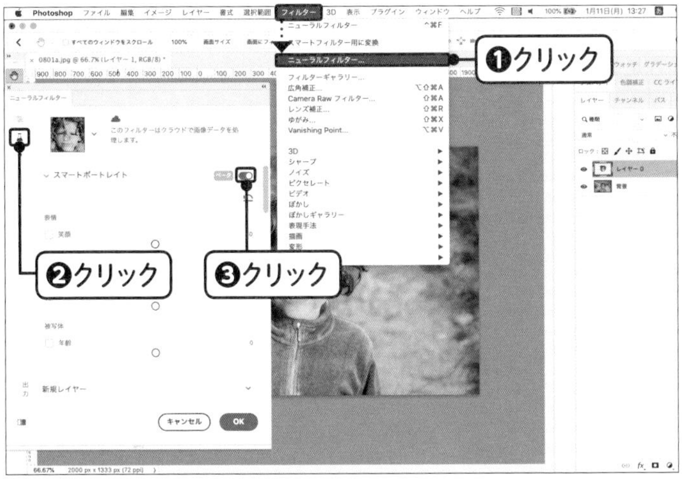

9 再度［スマートポートレイト］を選択する

顔の編集が確定されました。もう一度編集状態に入るため、［フィルター］メニュー→［ニューラルフィルター］の順にクリックし❶、［ベータ版フィルター］タブをクリックして❷、［スマートポートレイト］をオンにします❸。

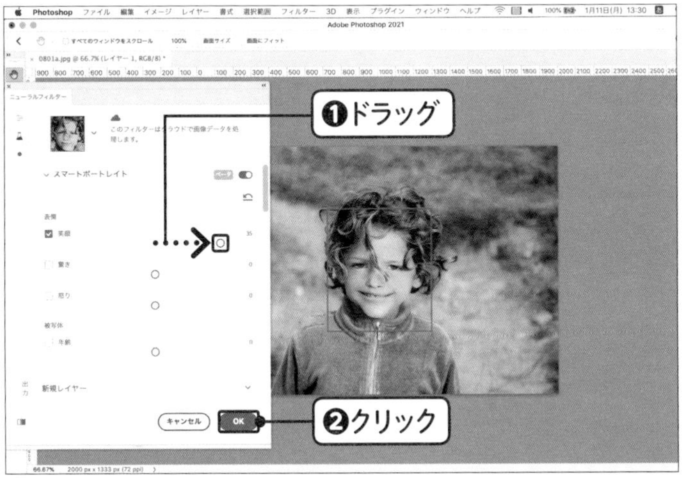

10 再度［笑顔］のスライダーを調整する

再度スマートポートレイトの機能が使えるようになりました。［表情］のセクション内にある［笑顔］のスライダーを「35」までドラッグし❶、［OK］ボタンをクリックします❷。

11 少年の表情が変更された

ここまでの操作で、AI（Adobe Sensei）の機能を利用した顔の編集が完了しました。P.135を参考にして、ファイルをPhotoshop形式で保存します。

MEMO

ニューラルフィルターの機能を利用すると、写真内には元々存在しなかった要素（この場合は歯など）が生成されます。

Lesson 02

切り抜く範囲を自動で細かく選択しよう

練習ファイル　0802a.psd
完成ファイル　（なし）

ここでは、［オブジェクト選択］ツールをさらに使いこなし、切り抜く範囲を自動で選択させてみます。

1 画像を統合する

作業を始める前に、前節の作業により自動的に作成された複数のレイヤーを統合し、1枚のレイヤーに変換しましょう。［レイヤー］パネル右上のメニューをクリックして開き❶、［画像を統合］をクリックします❷。

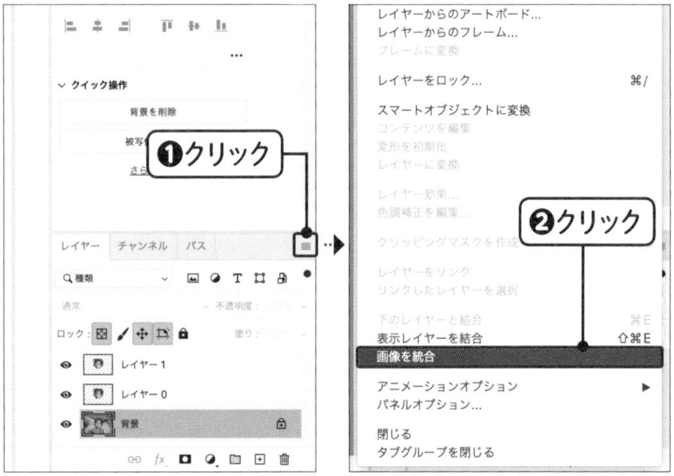

2 ［オブジェクト選択］ツールを選択する

ツールパネルから［オブジェクト選択］ツール をクリックします❶。

3 [なげなわ] モードを選択する

[オブジェクト選択] ツール が選択されました。画面上部のオプションバー上に表示された [モード] のドロップダウンメニューを開き、[なげなわ] をクリックします❶。

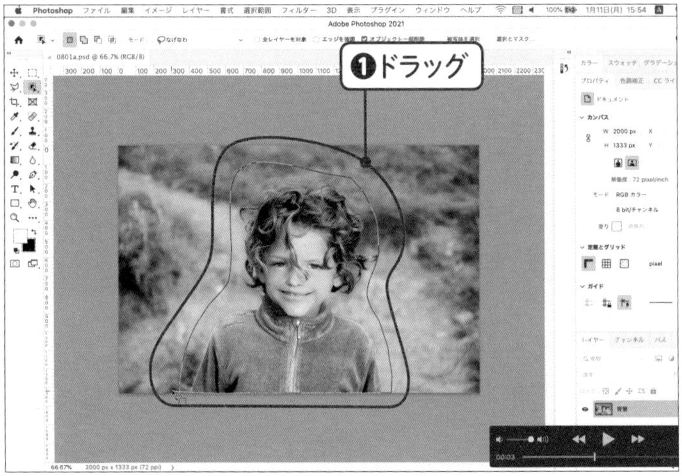

4 被写体をざっくり囲むようにドラッグする

[なげなわ] モードが選択され、マウスカーソルがなげなわのアイコンに変化しました。図を参考に、少年の周囲をざっくりとドラッグします❶。

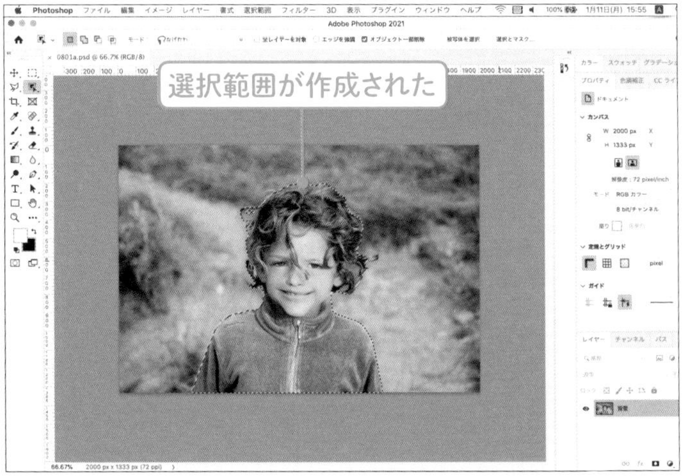

5 細かい選択範囲が自動的に作成された

ざっくり囲んだ範囲が被写体認識機能により解析され、少年の輪郭に沿って選択範囲が作成されました。

MEMO

写真の図柄によっては主要な被写体がうまく選択されないケースもあります。その場合は、P.162を参考に選択範囲の修正を行いましょう。

Lesson 03

細かい部分をきれいに切り抜こう

練習ファイル　0803a.psd
完成ファイル　0803b.psd

ここでは［選択とマスク］機能を利用して、ふわふわした髪の毛をできるだけきれいに切り抜く方法を練習します。

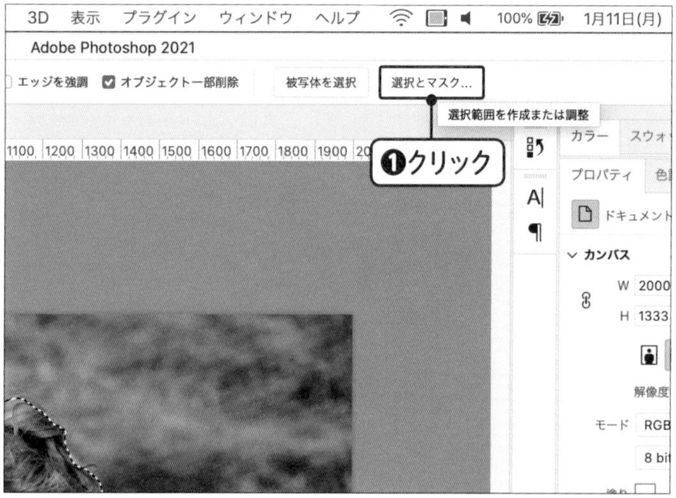

1 ［選択とマスク］ボタンをクリックする

前節からの続きです。髪の毛がざっくりとしか選択されていないので、調整していきます。オプションバーの［選択とマスク］ボタンをクリックします❶。

MEMO

［選択とマスク］ボタンが表示されていない場合は、ツールパネルの［オブジェクト選択］ツールをクリックすると表示されます。

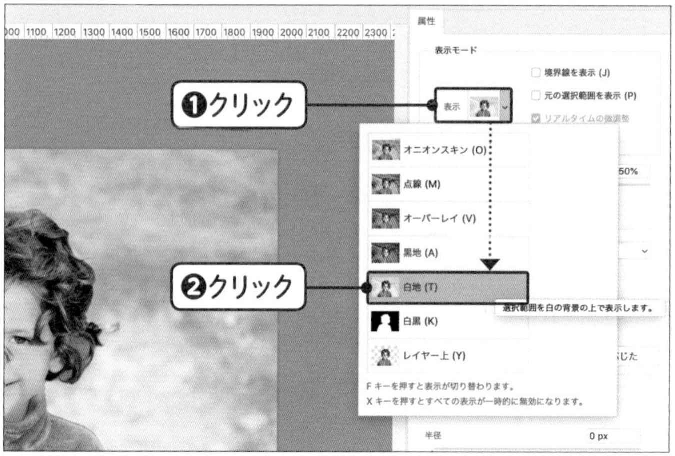

2 ［表示モード］を［白地］にする

右側の［属性］パネルの最上部にある［表示モード］内の［表示］ドロップダウンメニューをクリックして開き❶、［白地］をクリックします❷。

MEMO

写真の図柄により、快適に作業しやすい［表示］の選択肢は異なります。

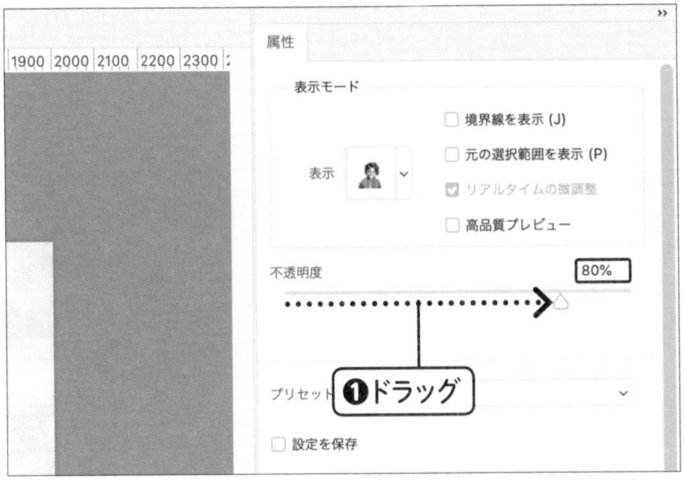

3 [不透明度]を「80%」にする

[表示]の選択肢が[白地]になりました。[不透明度]のスライダをドラッグして「80%」にします❶。被写体以外の部分が80%透過して、うっすら見えている状態になります。

4 画面表示を拡大する

被写体以外の部分の不透明度の調整ができました。ツールパネルから[ズーム]ツール をクリックし❶、顔の部分を何回かクリックして❷、髪の毛部分が大きく表示されるように拡大します。

MEMO

もし画面サイズを拡大しすぎてしまった場合には、オプションバーの[画面サイズ]ボタンをクリックすると、写真全体が表示されます。

5 [境界線調整ブラシ]ツールを選択する

少年の顔と髪の毛部分が画面内に拡大表示されました。この状態で、ツールパネルの上から2番目にある[境界線調整ブラシ]ツール をクリックします❶。

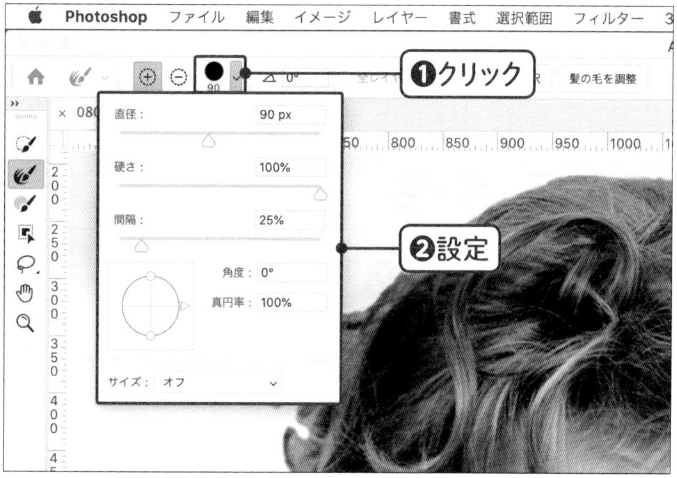

6 ブラシの直径と硬さを設定する

図を参考にオプションバーのブラシサイズのメニューをクリックし❶、以下のように設定します❷。

直径	90px
硬さ	20%
間隔	25%
角度	0°
真円率	100%
サイズ	オフ

7 髪のエッジを調整していく

ブラシの設定ができました。頭頂部から順番に、不自然に選択された髪の毛の際をなじませるようにブラシでドラッグします❶。

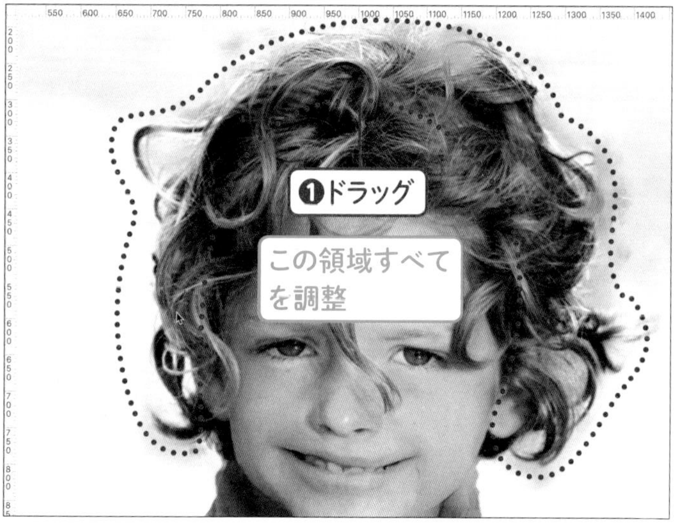

8 髪の周囲をすべて調整する

細い髪の毛もふんわり表示されました。髪の周囲がすべてこの状態になるように、少しずつ順番にドラッグしていきます❶。途中でマウスから手を離しても大丈夫です。

MEMO

とくに耳の脇に背景色が残っている部分があるので、念入りにドラッグして調整してください。

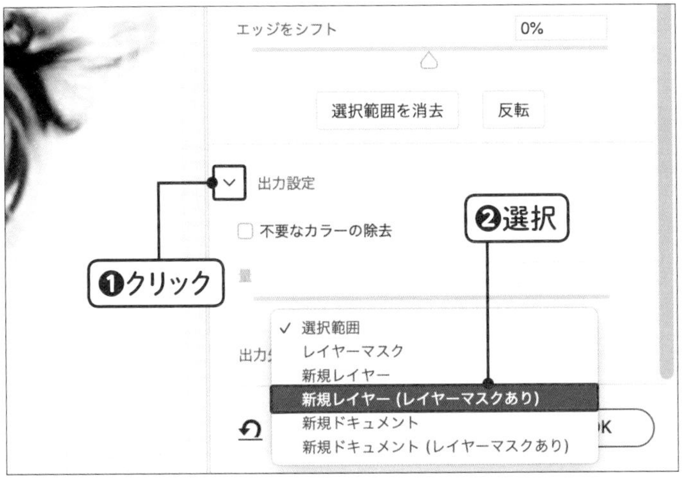

9 ［出力設定］の条件を設定する

髪の周囲すべてが調整できたら、右側の［属性］パネルの最下部にある［出力設定］の矢印をクリックし❶、［出力先］のドロップダウンメニューから［新規レイヤー（レイヤーマスクあり）］をクリックして選択します❷。

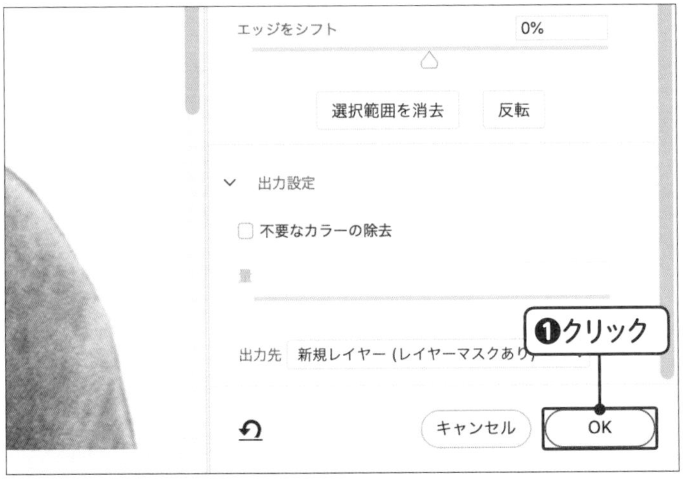

10 ［OK］ボタンをクリックする

［出力先］が設定できたら、［OK］ボタンをクリックします❶。

11 髪の毛がきれいに切り抜かれた

少年の髪の毛の細かい部分まで、きれいに切り抜かれた状態になりました。［レイヤー］パネルを見ると、「背景のコピー」という名前で、マスクされたレイヤーが新規に作成されていることがわかります。

Lesson 04

切り抜いた画像を別の写真に合成しよう

練習ファイル 0804a.psd
完成ファイル 0804b.psd

ここでは、切り抜いた画像を背景写真の上に重ねて合成する方法について解説します。少年の画像がうまく切り抜けていない場合は、サンプルファイルの「0804a-boy.psd」を使用してください。

1 背景写真を開く

前節からの作業の続きです。背景になる写真を開きます。[ファイル] メニュー→[開く] の順にクリックし❶、「Chap08」フォルダを指定し❷、「0804a.psd」をクリックして❸、[開く] ボタンをクリックします❹。

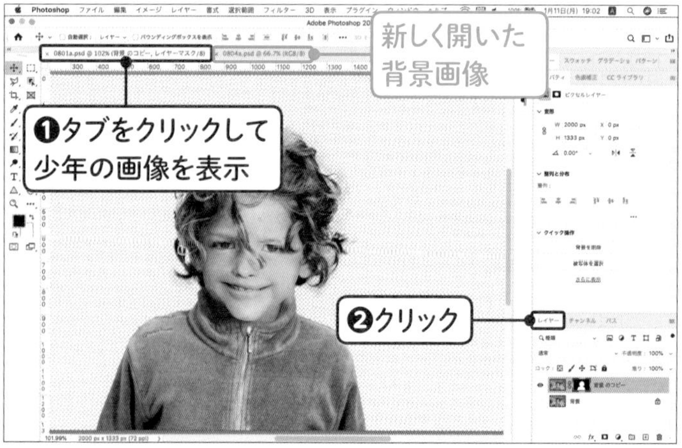

2 切り抜いた画像の[レイヤー] パネルを開く

「0804a.psd」が開きました。画面上部のファイル名のタブ（ここでは「0801a.psd）をクリックして❶、少年の画像を表示します。[レイヤー] パネルが閉じている場合はアイコンまたはタブをクリックして❷、パネルを開きます。

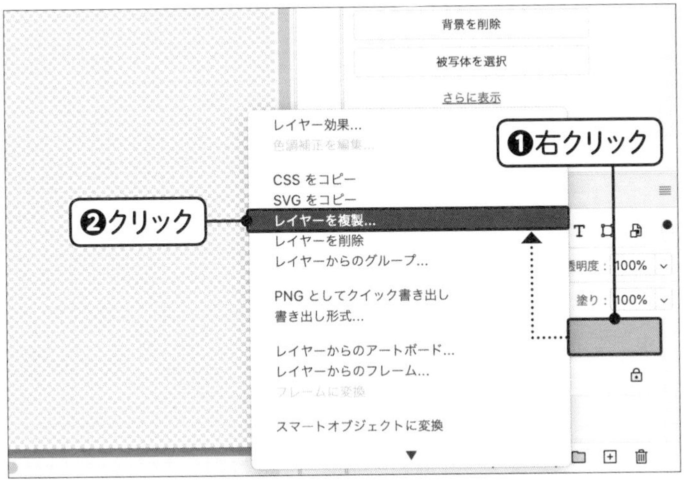

3 [背景のコピー] レイヤーを複製する

[レイヤー] パネルが開きました。[背景のコピー] レイヤーを右クリックし❶、コンテキストメニューから [レイヤーを複製] をクリックします❷。

MEMO

Macでは、右クリックのほか control キーを押しながらクリックすることでもコンテキストメニューが表示されます。

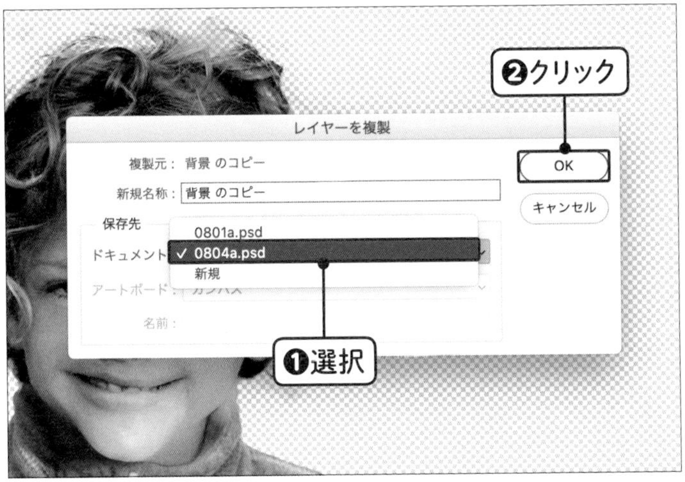

4 保存先を選択して [OK] をクリックする

[レイヤーを複製] ダイアログボックスが開きました。[保存先] の [ドキュメント] のドロップダウンメニューから [0804a.psd]（先ほど開いた背景写真）をクリックして選択し❶、[OK] ボタンをクリックします❷。

5 背景写真に少年の写真が合成された

画面上部のファイル名「0804a.psd」のタブをクリックします❶。「0804a.psd」が表示され、切り抜かれた少年の写真が合成されていることがわかります。

Lesson 05

レイヤーを色で塗りつぶそう

ここでは、.psdファイルの中に新しいレイヤーを増やし、1色に塗りつぶす方法を学びます。これは、次の節で少年の服の色を変更するための下準備です。

練習ファイル　0805a.psd
完成ファイル　0805b.psd

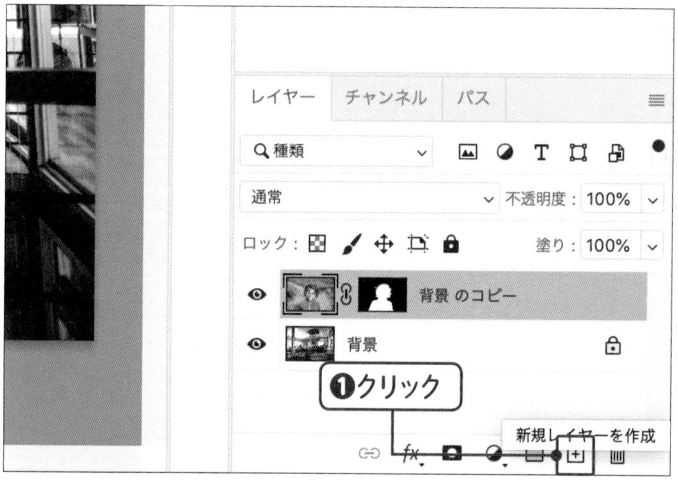

1 新規レイヤーを作成する

前節からの作業の続きです。［レイヤー］パネルが開かれている状態で、図を参考に［新規レイヤーを作成］ボタン ⊞ をクリックします❶。

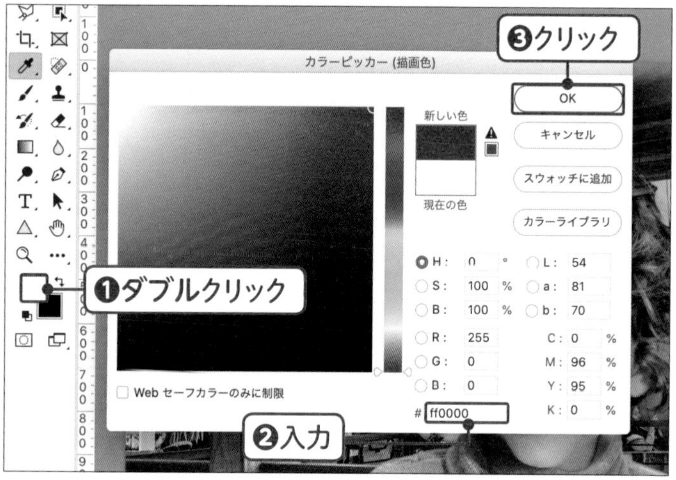

2 塗りつぶしに利用する色を設定する

［レイヤー 1］が作成されました。図を参考にツールパネル下部の［描画色］ボックスをダブルクリックし❶、表示される［カラーピッカー］ダイアログボックスの［#］に半角で「ff0000」と入力して❷、［OK］ボタンをクリックします❸。

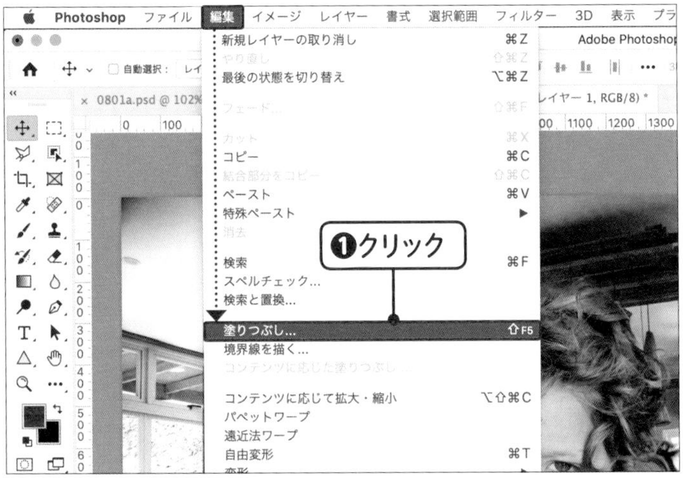

3 [塗りつぶし]を選択する

描画色が赤(#ff0000)になりました。[編集]メニュー→[塗りつぶし]の順にクリックします❶。

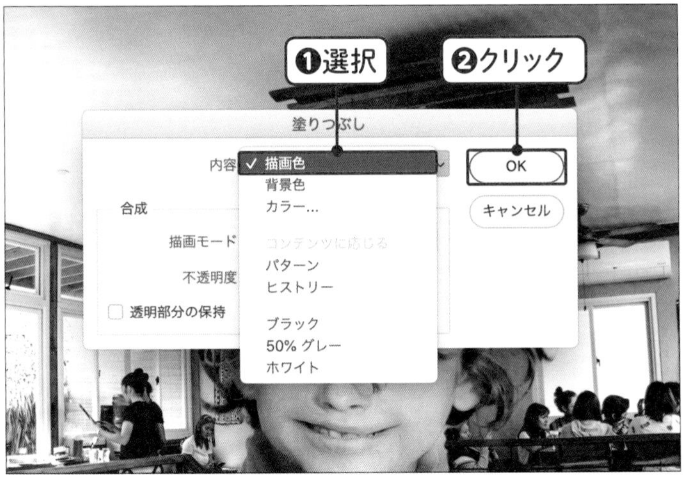

4 [塗りつぶし]の詳細を設定する

[塗りつぶし]のダイアログボックスが開きました。[内容]のドロップダウンメニューから[描画色]をクリックして選択し❶、[OK]ボタンをクリックします❷。

5 [レイヤー1]が赤く塗りつぶされた

[レイヤー1]が赤く塗りつぶされました。一時的に下のレイヤーが見えなくなってしまいますが、次の節で解消されますので心配ありません。

Lesson 06

写真内の特定の部分の色を変えよう

練習ファイル 0806a.psd
完成ファイル 0806b.psd

ここでは、少年の着ている服の色を、第6章とは異なる方法で水色からラズベリー色に変更する方法を学びます。

1 [レイヤー 1]を非表示にする

前節からの作業の続きです。[レイヤー 1]の[表示／非表示]ボタンをクリックして非表示にし❶、「背景のコピー」レイヤーをクリックして選択しておきます❷。

2 [クイック選択]ツールで服の部分を選択する

赤いレイヤーが非表示になり、「背景のコピー」レイヤーが選択されました。ツールパネルから[クイック選択]ツール をクリックし❶、少年の服の部分をすべて選択するようにドラッグします❷。

MEMO

[クイック選択]ツールの使い方が分からない場合は、P.129を参考にしてください。

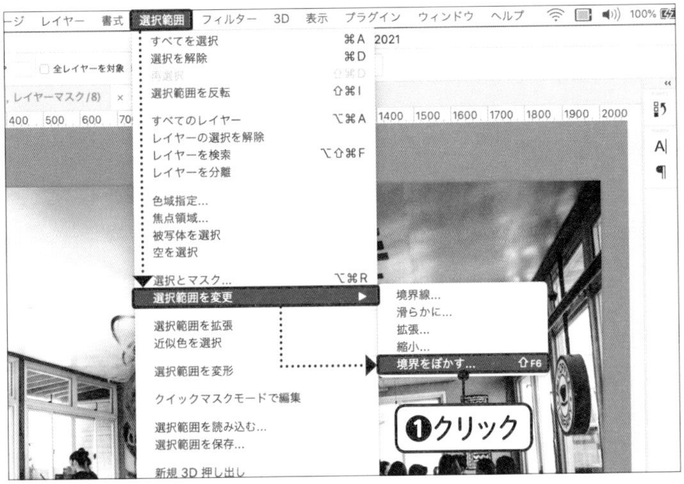

3 選択範囲を変更する

服の部分が選択されました。そのままだと選択範囲の境界線がはっきりしすぎなので、少しぼかします。[選択範囲] メニュー→[選択範囲を変更]→[境界をぼかす] の順にクリックします❶。

4 [ぼかしの半径] を設定する

[境界をぼかす] ダイアログボックスが表示されました。[ぼかしの半径] の数値を、半角数字で「1」と入力し❶、[OK] ボタンをクリックします❷。

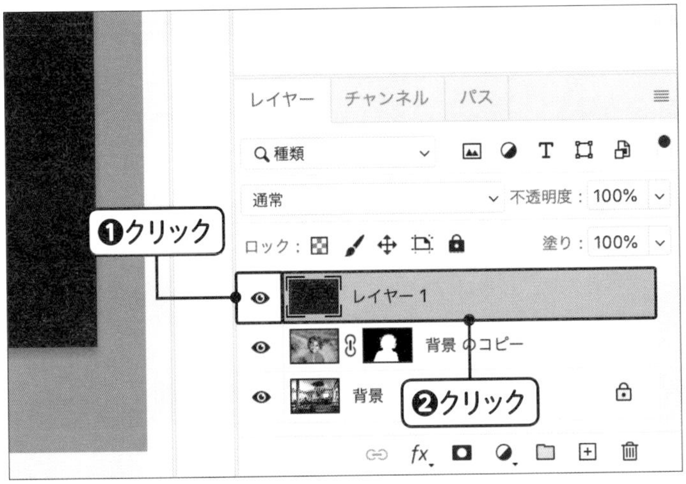

5 [レイヤー 1] を表示して選択する

選択範囲の境界線が少しぼかされました。[レイヤー]パネルを開き、[レイヤー 1]の[表示／非表示] ボタンをクリックして表示させます❶。赤く塗りつぶされたレイヤーが表示されるので、レイヤー名をクリックし❷、選択状態にします。

6 選択範囲外をマスクする

[レイヤー] メニュー→[レイヤーマスク]→[選択範囲外をマスク]の順にクリックします❶。

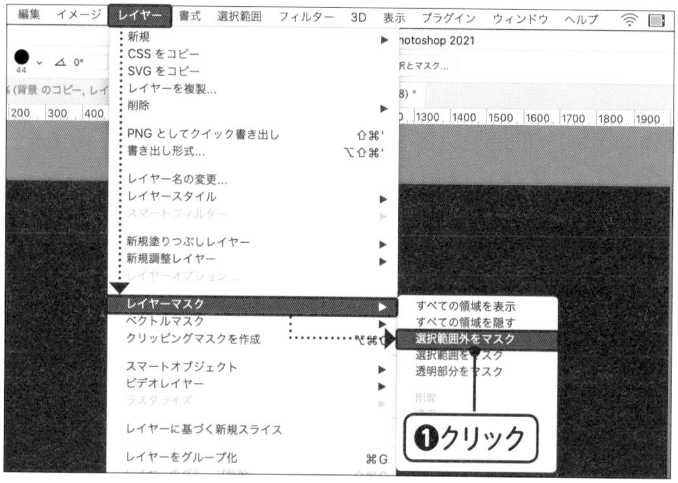

7 描画モードを変更する

選択範囲外がマスクされ、服の部分だけに赤い色が表示される状態になりました。[レイヤー] パネルの[通常]と書いてある部分をクリックし❶、ドロップダウンメニューから[オーバーレイ]をクリックします❷。

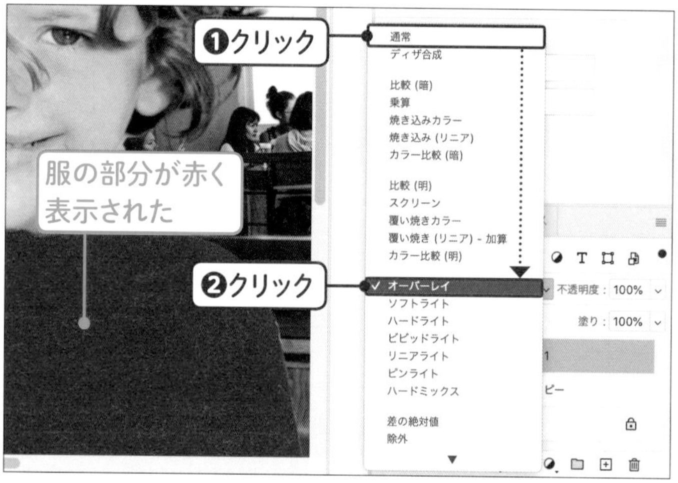

8 服の色が変わった

赤い色の[レイヤー 1]と、その下にある[背景のコピー]レイヤーの合成方法が変更され、水色に赤が重なって、ラズベリーのような色に変化しました。P.30を参考にしてファイルを保存します。

Chapter

9

制作したパーツをレイアウトしよう ～Illustrator & Photoshop

この章は、これまでの総仕上げです。Illustratorを使ってレストランのメニューの枠を作り、これまでに制作したアイコンとイラスト、Photoshopで編集した写真をレイアウトしていきます。

制作したパーツをレイアウトしよう ～ Illustrator & Photoshop

完成イメージ

この章のポイント

POINT 1 パターン（繰り返し模様）を作成する

Illusrtatorを使って「パターン」と呼ばれる繰り返し模様を作成し、図形を塗りつぶすことができます。

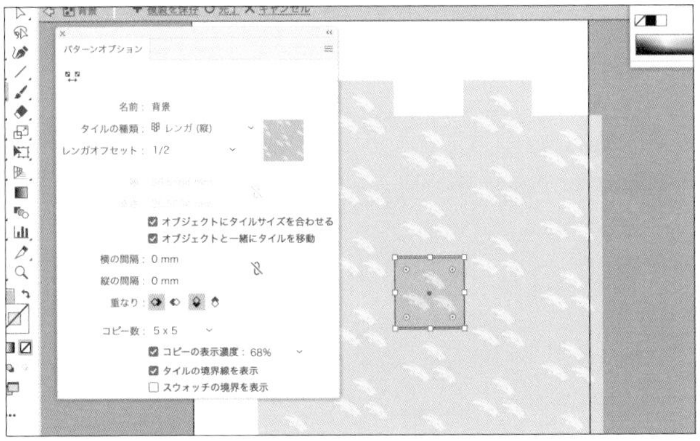

→P.182

POINT 2 Photoshopで編集した写真をIllustratorのドキュメントに配置する

Photoshopで編集した写真をIllustratorのドキュメント上に正確な大きさを指定して配置することができます。

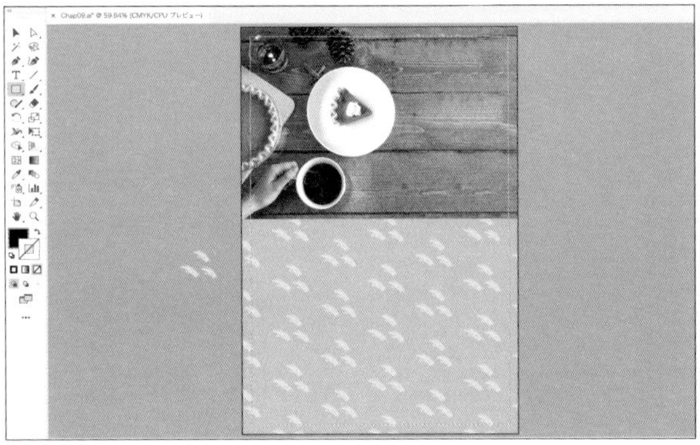

→P.186

POINT 3 配置した写真を自由な形の枠でマスクする

ドキュメント上に配置した写真は、自由な大きさと形の枠を使ってマスクすることができます。

→P.192

POINT 4 文字を入力して配置する

Illustrator上で文字を入力し、大きさや色を変えて配置することができます。

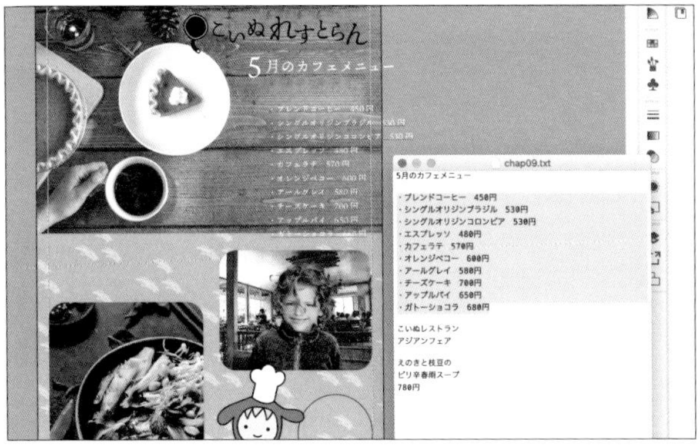

→P.198

Lesson 01

A4サイズのレイアウト枠を作ろう

ここでは、Illustratorの［長方形］ツールを利用して、正確なサイズのレイアウト枠を作成します。

練習ファイル　（なし）
完成ファイル　0901b.ai

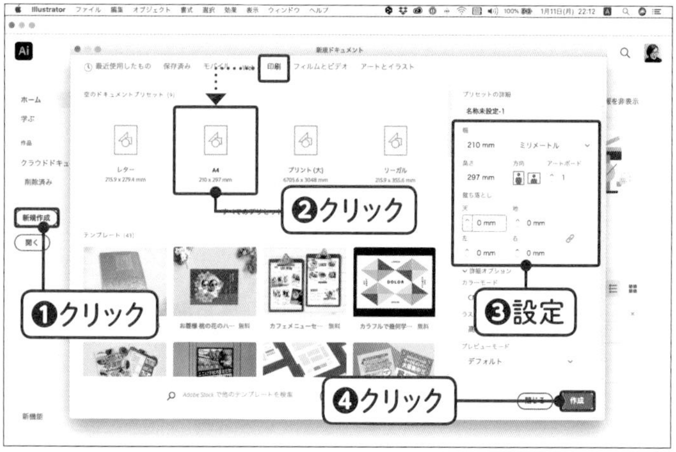

1　A4サイズの新規ドキュメントを作成する

P.14を参考にIllustratorを起動します。スタート画面の［新規作成］ボタンをクリックし❶、［新規ドキュメント］ダイアログボックスで［印刷］タブの［A4］をクリックし❷、［方向］を「縦位置」、［裁ち落とし］をすべて0mmに設定して❸、［作成］ボタンをクリックします❹。

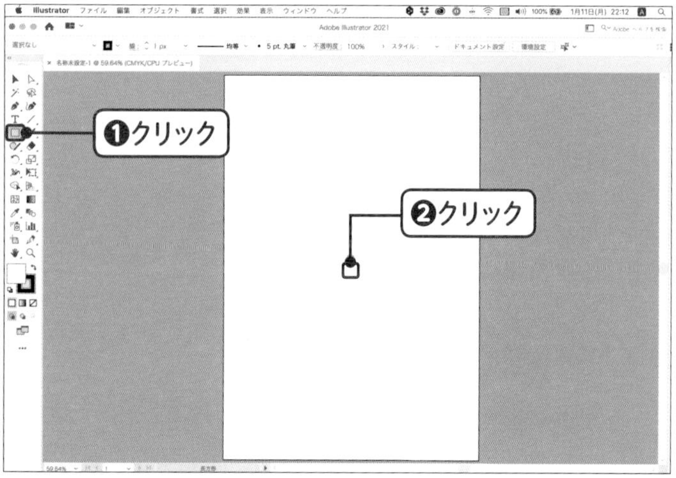

2　長方形ツールでアートボード上をクリックする

A4サイズのアートボードができました。ツールパネルから［長方形］ツールをクリックし❶、アートボードの中央あたりをクリックします❷。

MEMO

正確なサイズを指定して長方形を描く場合には、ドラッグではなくクリックします。

3 幅と高さの数値を入力する

[長方形] ダイアログボックスが表示されます。半角数字で[幅]に「210」、[高さ]に「297」と入力し❶、[OK]ボタンをクリックします❷。単位の「mm」は、Illustratorが自動的に付けてくれます。

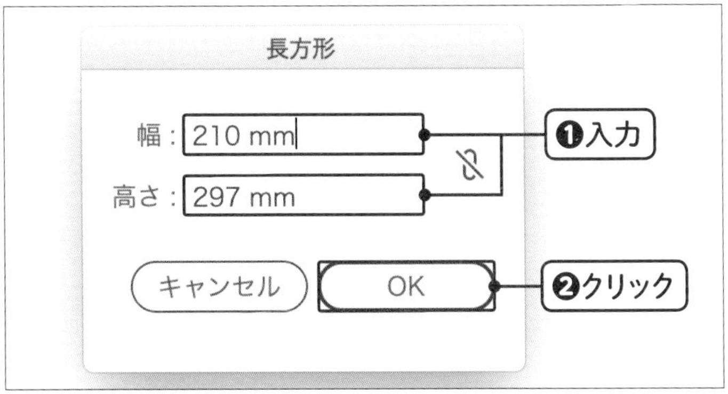

4 長方形を正確な位置に配置する

幅210mm、高さ297mmの長方形が描かれました。[選択] ツール をクリックし❶、長方形をクリックして❷、[プロパティ] パネルのアイコン またはタブをクリックして開きます❸。[変形]のセクションで、左の表のように位置を設定します❹。

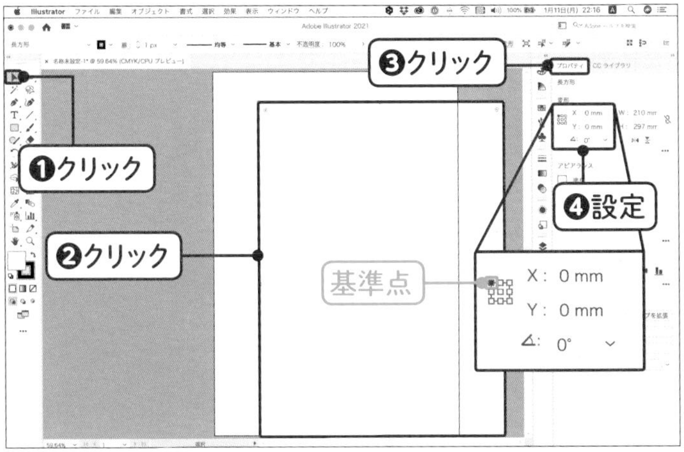

基準点	左上
X	0
Y	0

MEMO

基準点は9つ並んだ正方形の左上をクリックします。XとYはアートボードの基準点を基点とした座標です。ここでは基準点を左上に設定しているので、アートボードの左上に図形が揃います。

5 A4サイズの枠が準備できた

アートボードにぴったりの、A4サイズの長方形が準備できました。

MEMO

ここで作成した長方形をベースに、次節でガイドを作成します。

Lesson 02

レイアウト枠内にガイドを作成しよう

練習ファイル　0902a.ai
完成ファイル　0902b.ai

ここでは、前節で作成した長方形をベースに7mm内側の長方形を作成し、それをガイドに変換する方法を練習してみましょう。

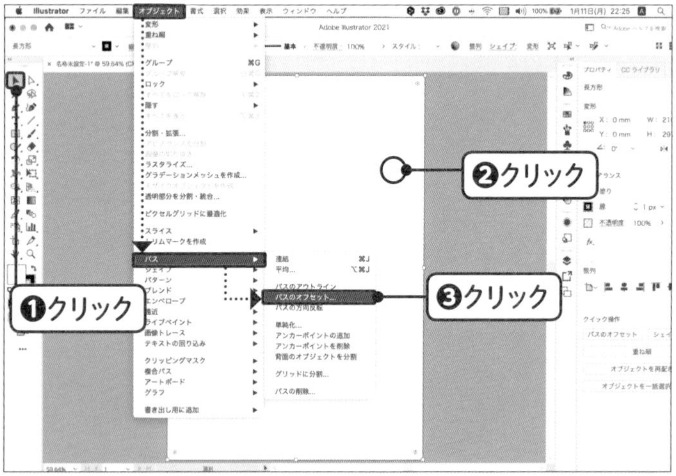

1 パスのオフセットを選択する

[選択]ツール をクリックし❶、で長方形をクリックして❷、[オブジェクト]メニュー→[パス]→[パスのオフセット]の順にクリックします❸。

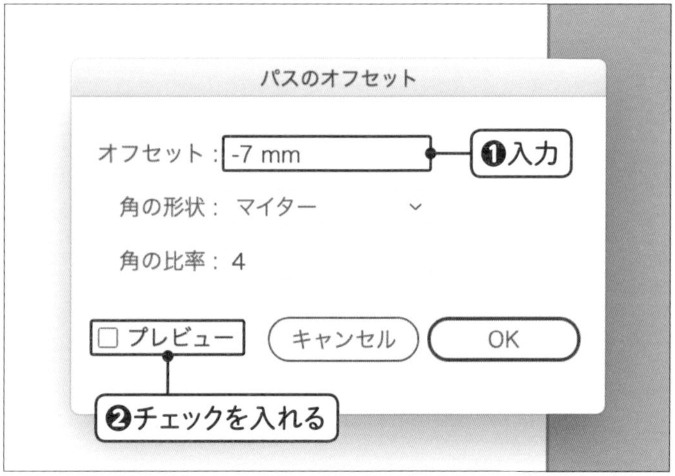

2 7mm内側に指定してプレビューする

[パスのオフセット]ダイアログボックスが表示されました。[オフセット]入力欄に「-7」と入力し❶、左下の[プレビュー]にチェックを入れます❷。

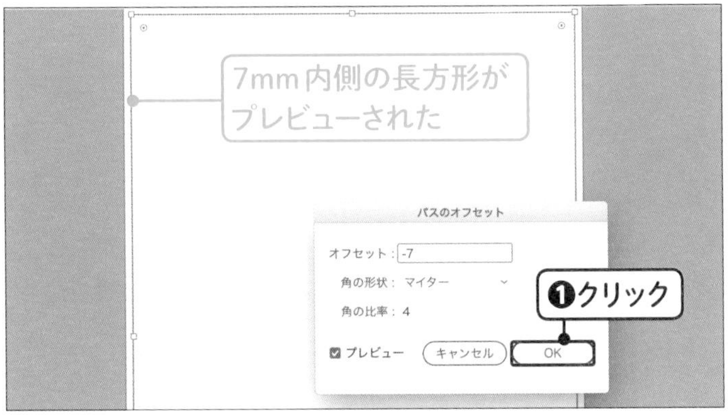

3 プレビューを確認して確定する

元の長方形より7mm内側の長方形がプレビューされます。[OK] ボタンをクリックします❶。

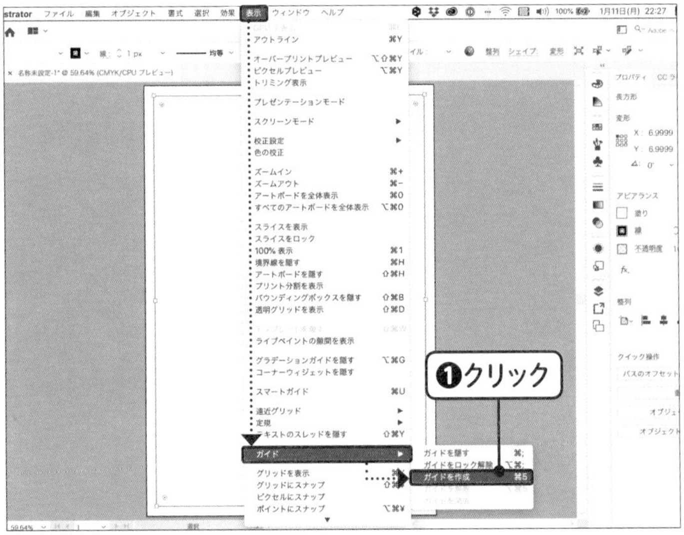

4 作成された長方形をガイドに変換する

元の長方形より7mm内側の長方形が作成されました。作成された長方形が選択されたままの状態で、[表示] メニュー→[ガイド]→[ガイドを作成] の順にクリックします❶。

MEMO

ガイドはレイアウトの補助線として使うための線で、印刷や画像書き出しをする際には、見た目に反映されません。

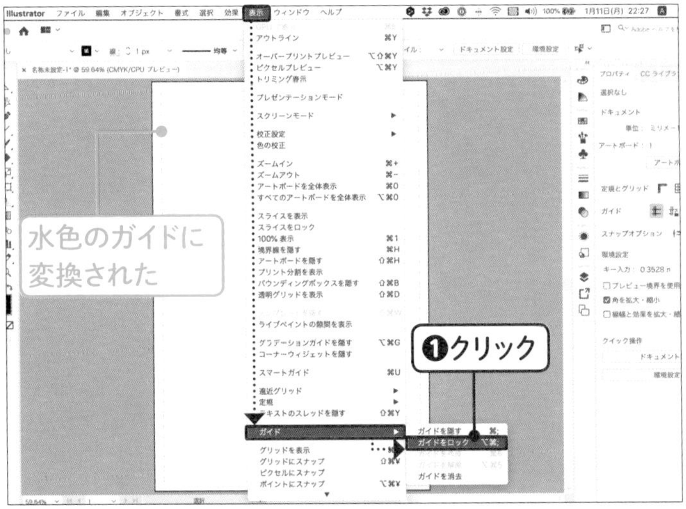

5 ガイドをロックする

長方形が水色の線になりました。デフォルトでは、ガイドはロックされていません。ロックされていない場合は、[表示] メニュー→[ガイド]→[ガイドをロック] の順にクリックして❶、ガイドを固定します。

MEMO

ここで作成したガイドは、後ほど写真や文字の位置を調整する際に利用します。

Lesson 03

[ブラシ]ツールで模様を描こう

ここでは、Illustratorの[ブラシ]ツールを利用して、メニューの背景に入れる模様を描きます。

練習ファイル　0903a.ai
完成ファイル　0903b.ai

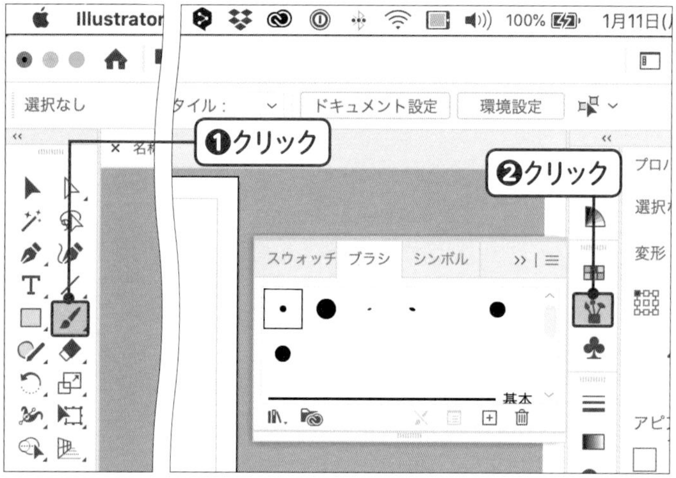

1 [ブラシ]ツールを選択して[ブラシ]パネルを開く

ツールパネルから[ブラシ]ツール をクリックし❶、画面右側の[ブラシ]パネルのアイコン をクリックして開きます❷。

MEMO

[ブラシ]パネルのアイコンが見つからないなど、パネルの表示が変わってしまった場合は、P.29を参考に画面を初期状態に戻してください。

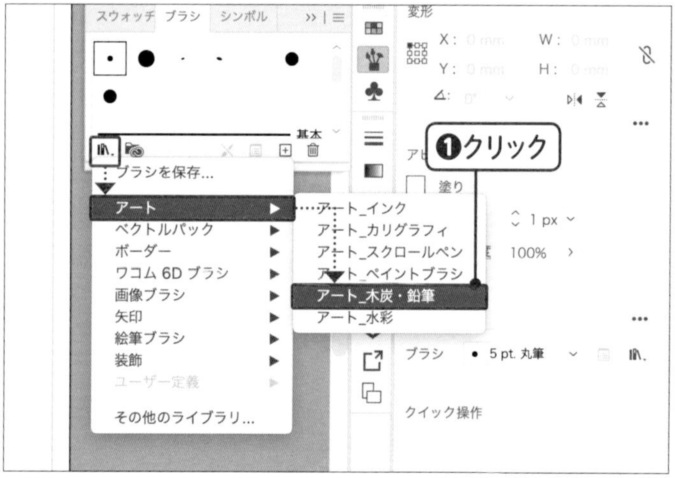

2 [アート_木炭・鉛筆]のライブラリを開く

パネル左下の[ブラシライブラリメニュー] →[アート]→[アート_木炭・鉛筆]の順にクリックします❶。

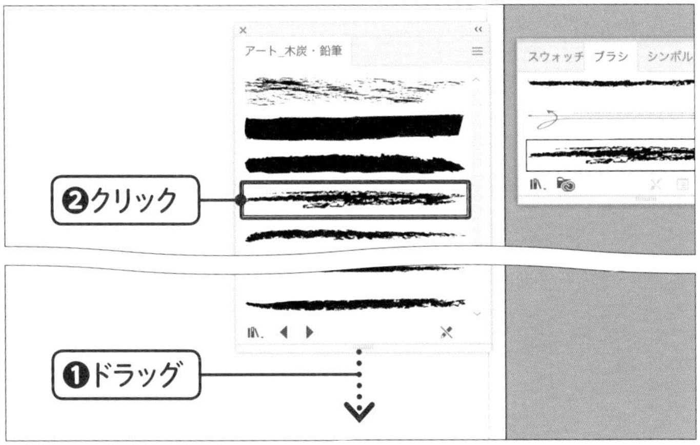

3 [チョーク落書き]を選択する

[アート_木炭鉛筆]のパネルが開きました。パネルの下辺を下方向にドラッグして伸ばし❶、上から4番目の[チョーク(落書き)]をクリックします❷。

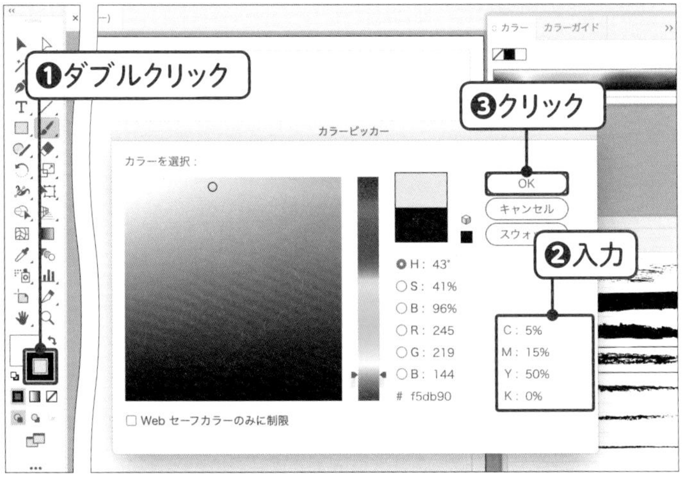

4 [線]の色を変更する

ブラシで利用する色を設定します。ツールパネル下部の[線]をダブルクリックし❶、以下のように色を設定して❷、[OK]ボタンをクリックします❸。

C	5%
M	15%
Y	50%
K	0%

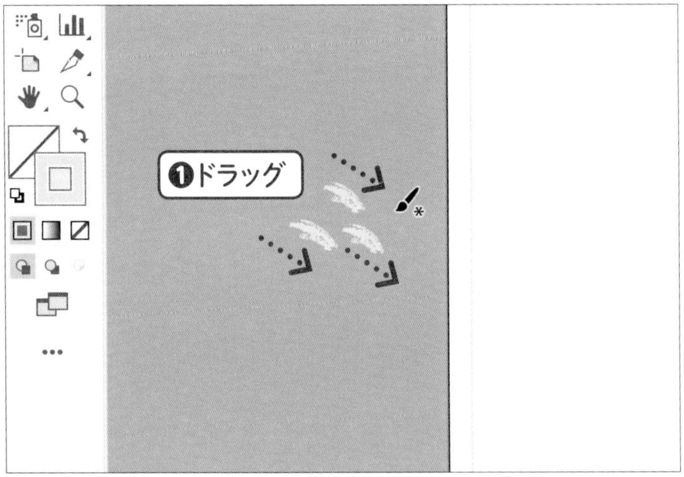

5 アートボードの外で短い線を3本描く

線の色が設定できました。アートボードの外側で、図を参考に斜めの短い線を3本ドラッグして描きます❶。

MEMO

ここで描いた線はパターン(繰り返し模様)のパーツとして利用するだけで、実際のレイアウトの中では使用しません。そのため、アートボードの外側に描きました。

Lesson 04

模様からパターンを作成しよう

ここでは、Illustratorで前節で描いたブラシの線を元に、背景を塗りつぶすパターン（繰り返し模様）を制作します。

練習ファイル 0904a.ai

完成ファイル 0904b.ai

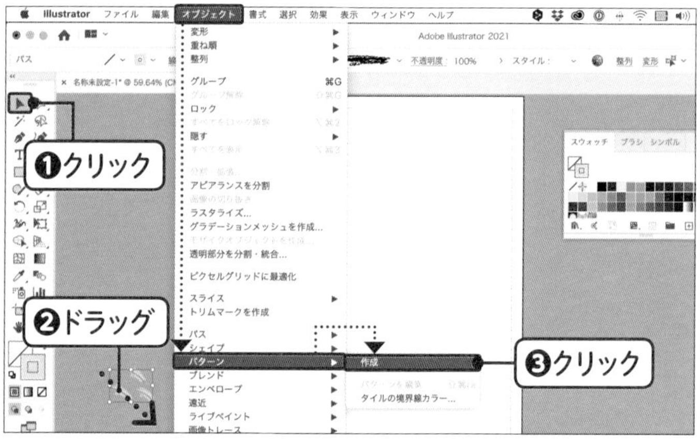

1 ブラシで描いた線を選択しパターンを作成する

［選択］ツール をクリックし❶、前節で描いた3本の線を囲むようにドラッグして選択します❷。そのまま、［オブジェクト］メニュー→［パターン］→［作成］の順にクリックします❸。

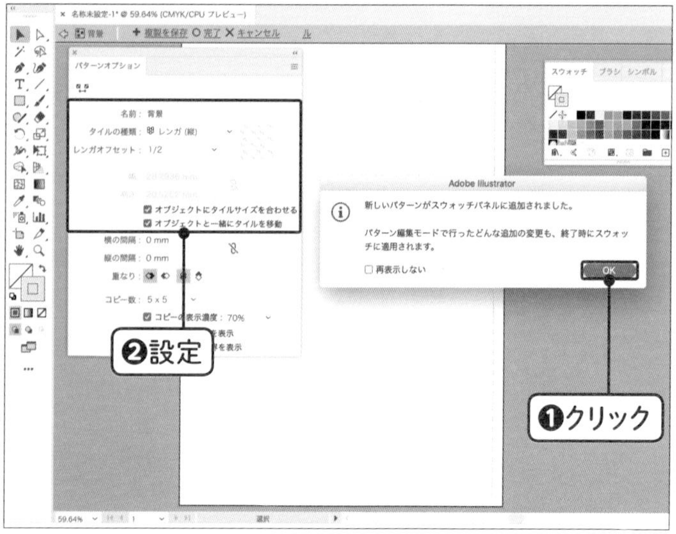

2 パターンの詳細を設定する

パターン作成画面が開き、アラートが表示されます。［OK］ボタンをクリックし❶、［パターンオプション］パネルの詳細を以下のように設定します❷。それ以外の項目はそのままで大丈夫です。

名前	背景
タイルの種類	レンガ（縦）
レンガオフセット	1/2
オブジェクトにタイルサイズを合わせる	チェックを入れる

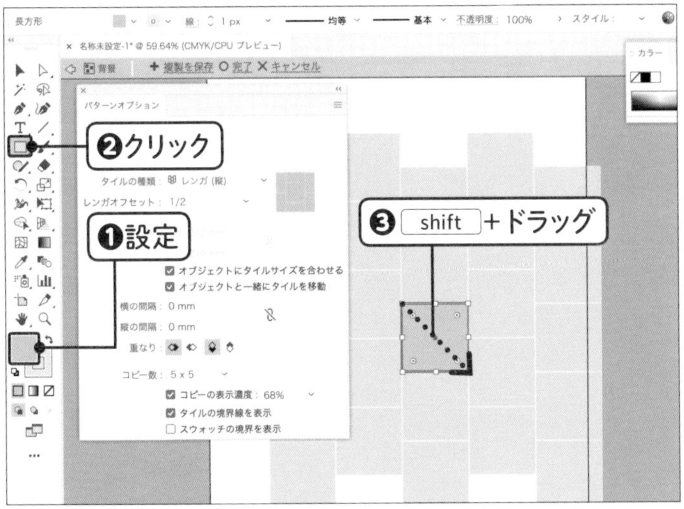

3 [塗り]の色を設定して長方形を描く

[塗り]の色を「C5%、M24%、Y89%、K0%」に設定します❶。[長方形]ツール をクリックし❷、中央のブラシ模様より二回り大きな正方形を shift キーを押しながらドラッグして描きます❸。

MEMO

塗りの色設定方法が分からない場合は、P.54を参考にしてください。

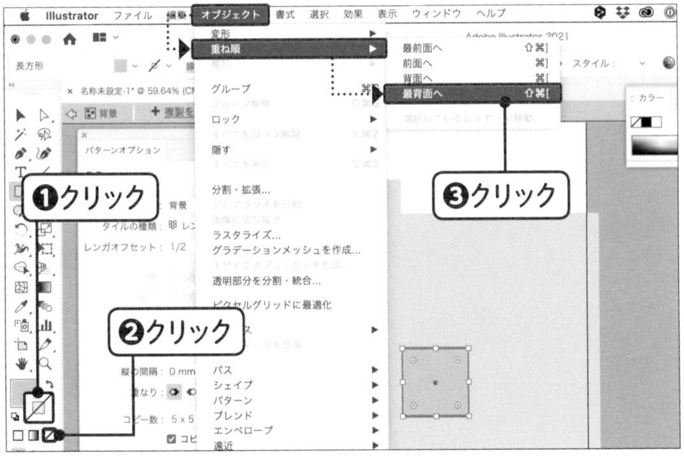

4 長方形の重ね順を変更する

マスタード色の正方形が描かれました。正方形が選択されたままの状態で、[線]をクリックして❶、[なし] をクリックし❷、[オブジェクト]メニュー→[重ね順]→[最背面へ]の順にクリックします❸。

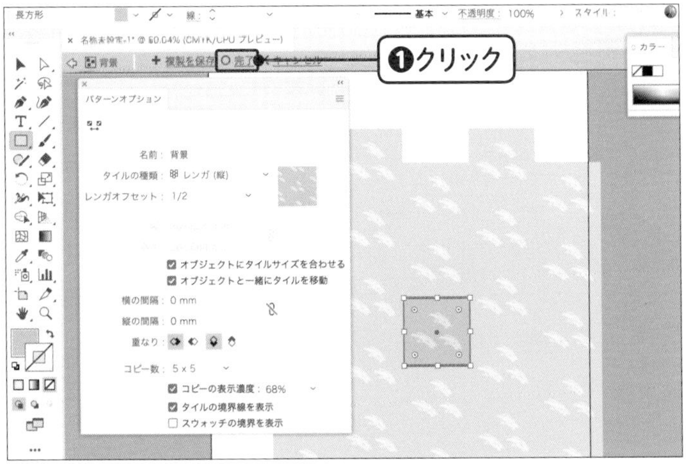

5 [完了]を押して確定する

正方形がブラシで描いた模様の背面に移動しました。画面上部の[完了]をクリックすると❶、パターンの作成が終了します。

MEMO

ここで作成したパターンは、次節で塗りつぶしに利用します。

Lesson 05

作成したパターンで背景を塗りつぶそう

練習ファイル　0905a.ai
完成ファイル　0905b.ai

ここでは、Illustratorで前節で作成したパターンを使って、A4サイズの長方形を塗りつぶす方法を学びます。

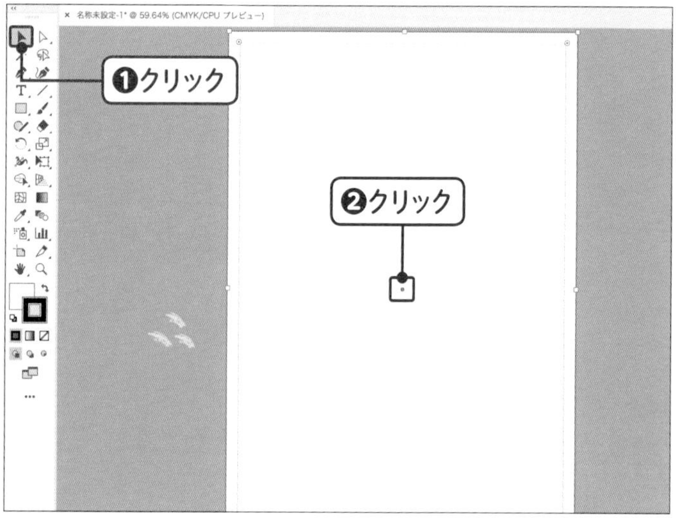

1 背景の長方形を選択する

[選択] ツール をクリックし❶、あらかじめ描いておいた長方形の中央あたりをクリックして選択します❷。

MEMO

長方形をずらしてしまわないように、真下に向かって短くクリアにマウスをクリックしてください。マウスを少しでも横に動かすと、長方形の位置がずれることがあります。

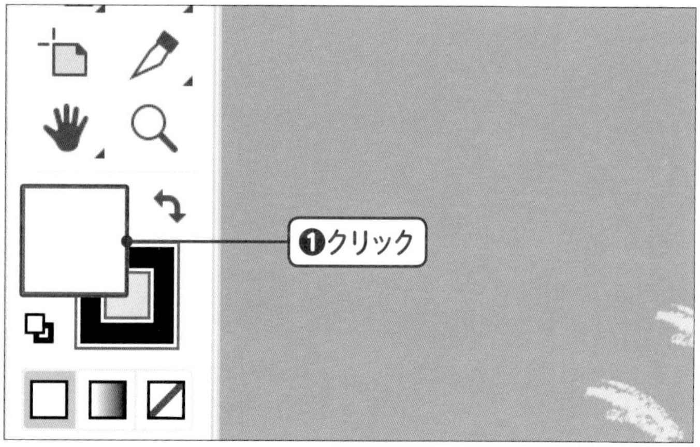

2 [塗り]をアクティブにする

A4サイズの長方形が選択されました。この長方形の[塗り]にパターンを反映させるため、ツールパネルの[塗り]をクリックして❶、ボックスをアクティブ(手前に出ている)な状態にします。

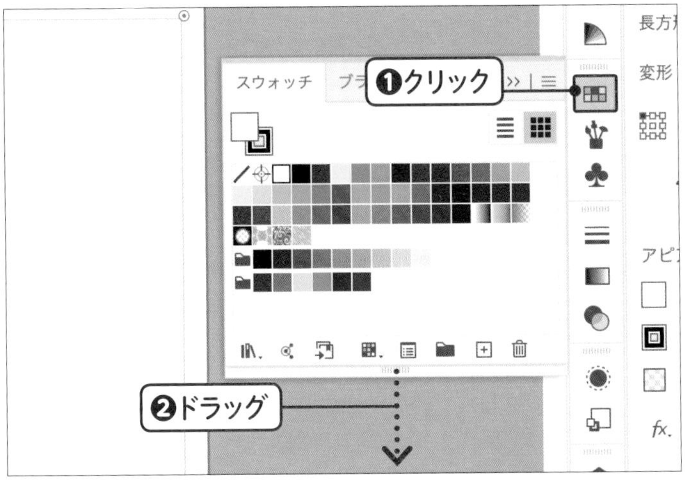

3 [スウォッチ] パネルを開く

画面右側にある [スウォッチ] パネルのアイコン をクリックして開き❶、パネル下部を下方向にドラッグして少し広げます❷。

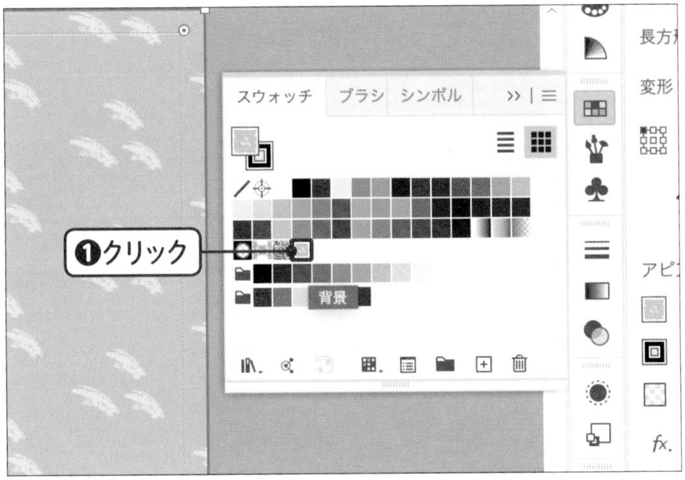

4 作成したパターンをクリックする

[スウォッチ] パネルが開き、内容がすべて見える状態になりました。上から4行目の一番右側に、前節で作成したパターン [背景] が保存されているのでクリックします❶。

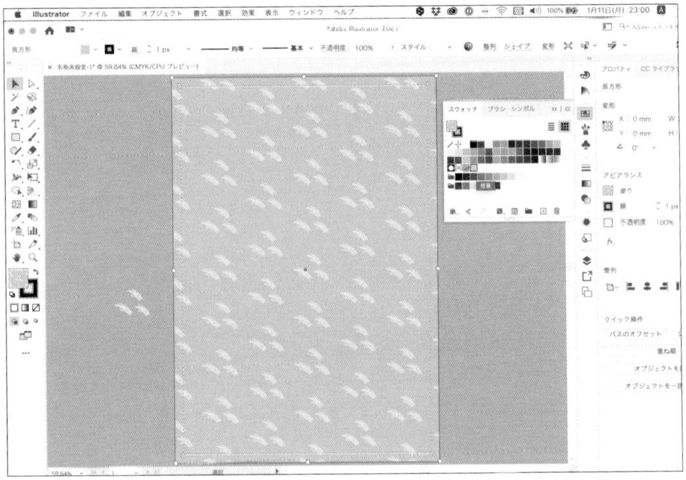

5 長方形がパターンで塗りつぶされた

A4サイズの長方形が、作成したパターンで塗りつぶされました。

Lesson 06

メインの写真を配置しよう

練習ファイル　0906a.ai
完成ファイル　0906b.ai

ここでは、Photoshopで編集して[CCライブラリ]に保存した写真を、Illustratorのドキュメントに配置する方法について解説します。

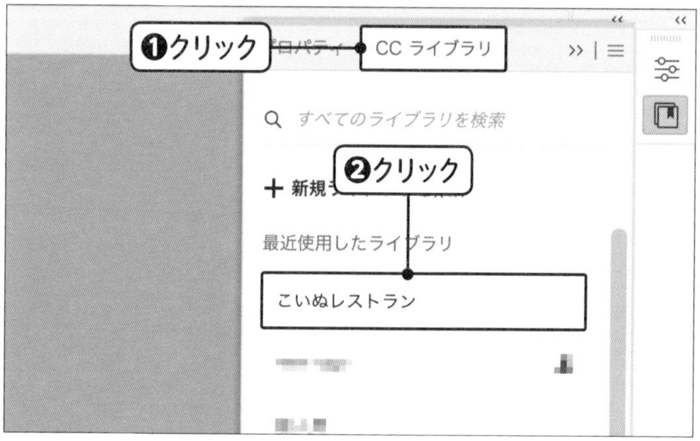

1 [CCライブラリ]パネルを開く

画面右側にある[CCライブラリ]パネルのアイコン またはタブをクリックして開き❶、リストから[こいぬレストラン]をクリックして選択します❷。

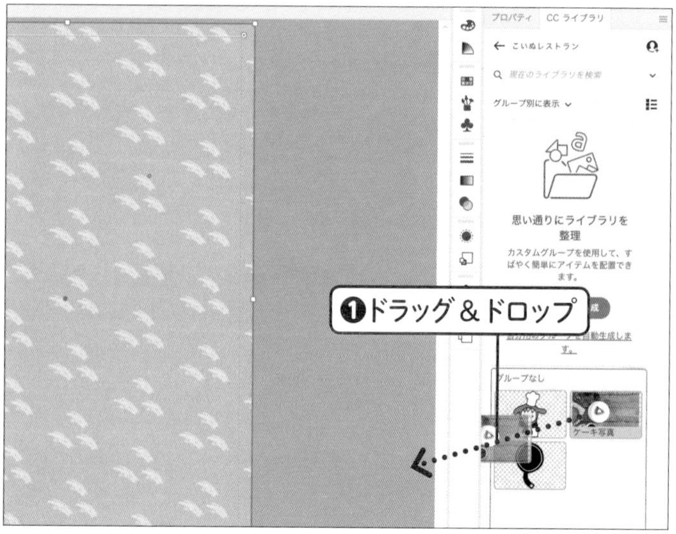

2 「ケーキ写真」をドラッグ&ドロップする

[こいぬレストラン]ライブラリが開きました。第7章で制作して登録しておいた「ケーキ写真」をパネルからアートボードにドラッグ&ドロップします❶。

MEMO

「ケーキ写真」を制作していない方は、練習ファイルの「Chap09」に「07-finished.psd」を用意してあるので、P.84を参考にしてPhotoshopから[CCライブラリ]に登録してください。

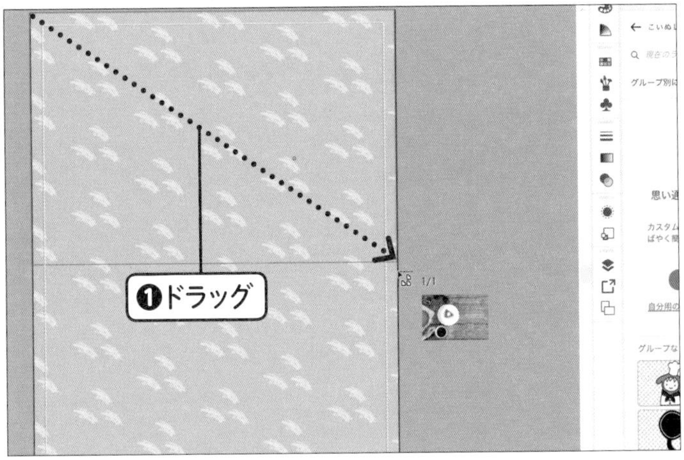

3 ドラッグして配置する

「ケーキ写真」のサムネイルが表示された状態で、アートボードの横幅いっぱいになるように、左上から右下にかけてドラッグします❶。

MEMO

次の手順で正確なサイズに調整するので、多少ずれていても問題ありません。

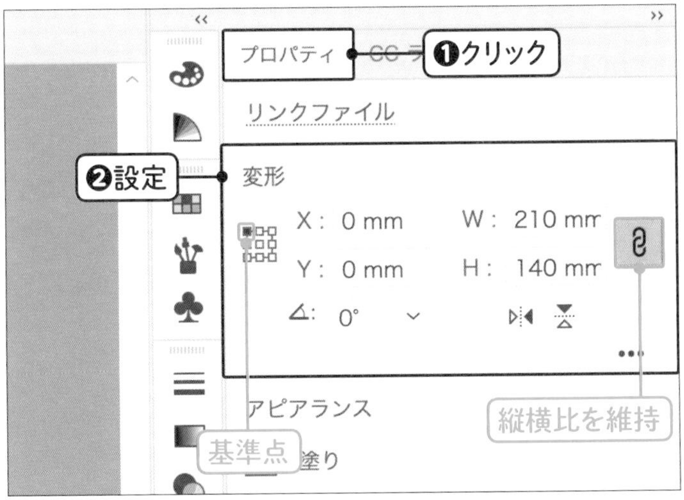

4 プロパティパネルでサイズと位置を設定する

メイン写真が配置されました。写真が選択されたまま［プロパティ］パネルのアイコン またはタブをクリックして開き❶、以下のように設定します❷。

基準点	左上
X,Y	ともに0
縦横比を維持	鎖がつながった状態（縦横比を維持する設定）
W	210（Hは自動で設定）

5 写真が正確なサイズと位置で配置された

メイン写真が、正確なサイズと位置で配置されました。

MEMO

この作例ではカラーモードCMYKで作成したIllustratorデータに、カラーモードRGBで作成したPhotoshopデータを配置しました。印刷用データ作成時には、Photoshopのデータも CMYKで作成する必要があるのでご注意ください。

Lesson 07

サブの写真を入れる枠を作成しよう

練習ファイル　0907a.ai
完成ファイル　0907b.ai

ここでは、Illustratorでメニューの下半分にレイアウトするサブ写真を入れる枠を、正確なサイズで描いていきます。

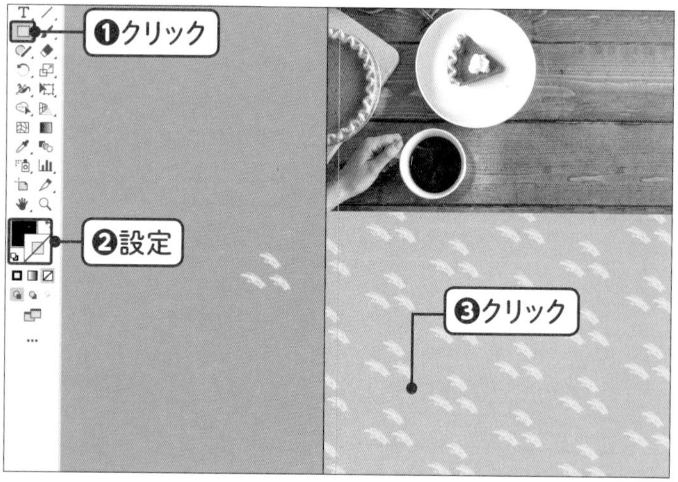

1 長方形ツールでアートボード上でクリックする

ツールパネルから[長方形]ツール をクリックし❶、[塗り]をK100%、[線]を「なし」 に設定して❷、アートボードの下半分あたりでクリックします❸。

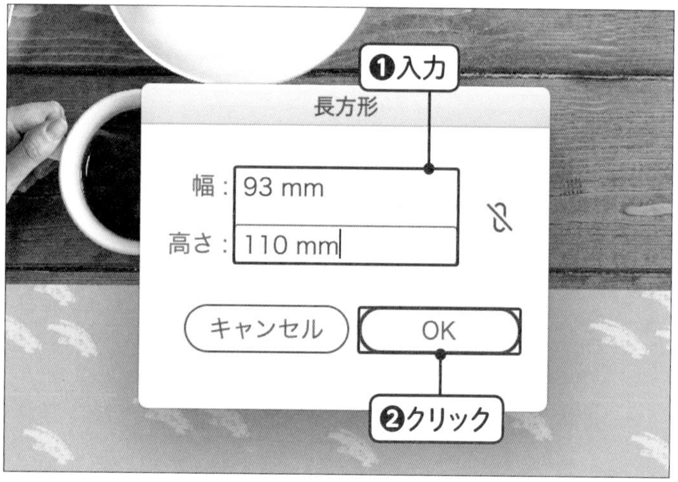

2 幅と高さを数値指定する

[長方形]ダイアログボックスが表示されました。[幅]に「93」、[高さ]に「110」と入力し❶、[OK]ボタンをクリックします❷。

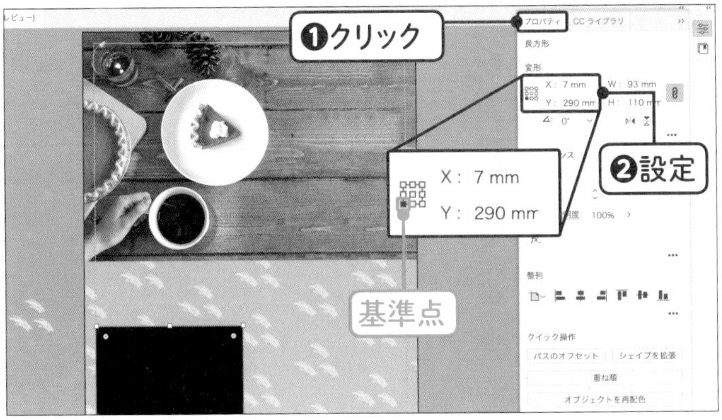

基準点	左下
X	7
Y	290

3 プロパティパネルで基準点と位置を指定する

指定したサイズで長方形が描かれました。[プロパティ] パネルのアイコン またはタブをクリックして開き❶、左の表のように設定します❷。

MEMO

長方形の左下の角の位置をA4サイズのレイアウトの左から7mm、下から7mmの位置に設定しました（A4サイズの高さは297mmなので7mmマイナスで290mmになります）。

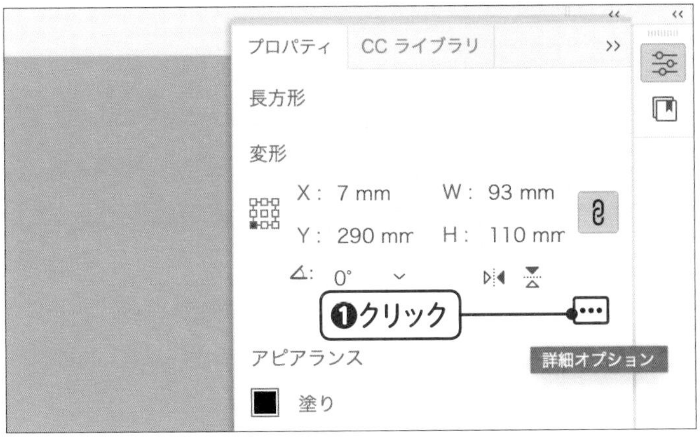

4 変形の詳細オプションを開く

長方形の位置が正確に設定されました。長方形が選択された状態のまま、[プロパティ] パネルの [変形] セクション右下にある [詳細オプション] を クリックします❶。

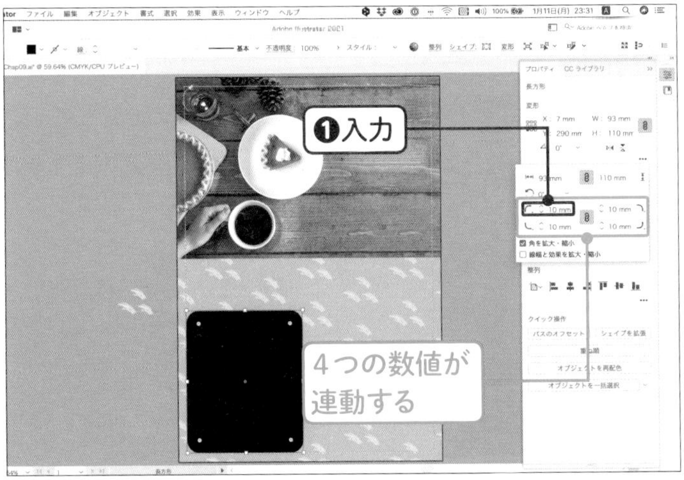

5 角丸のサイズを指定する

[詳細オプション] が開きました。図を参考に [角丸の半径] を10mmに設定します❶。

MEMO

中央の鎖マークがオン（つながった状態）になっているので、4つの角がリンクしてすべて同じ数字になります。同じにならない場合は、4つの角すべてを10mmに設定してください。

6 長方形ツールでアートボード上をクリックする

4つの角丸の数値が10mmになりました。次の長方形を描くため、再度[長方形]ツール が選択された状態でアートボード上をクリックします❶。

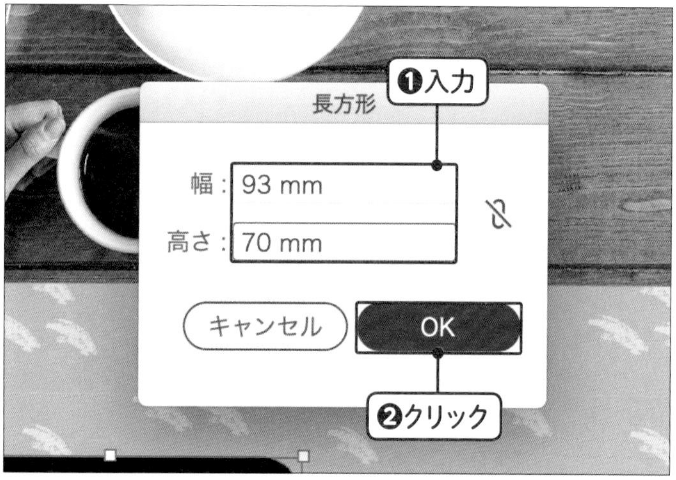

7 幅と高さを数値指定する

[長方形]ダイアログボックスが表示されました。[幅]に「93」、[高さ]に「70」と入力し❶、[OK]ボタンをクリックします❷。

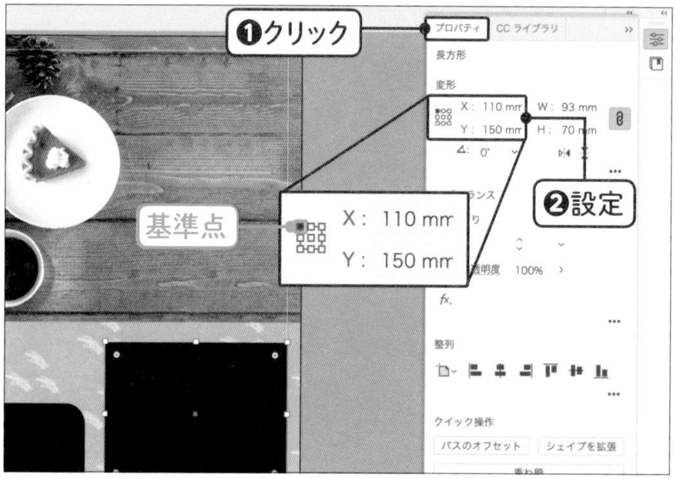

8 プロパティパネルで基準点と位置を指定する

指定したサイズで長方形が描かれました。[プロパティ]パネルのアイコン またはタブをクリックして開き❶、以下のように設定します❷。

基準点	左上
X	110
Y	150

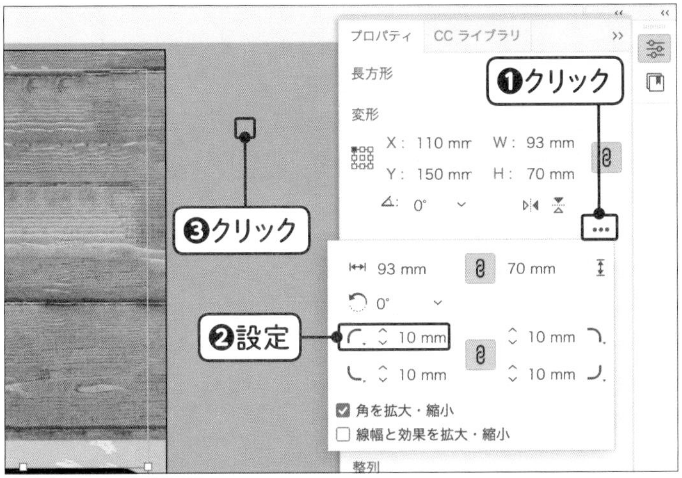

9 変形パネルを開いて角丸のサイズを指定する

長方形の位置が正確に設定されました。[プロパティ]パネルの[詳細オプション]をクリックし❶、[角丸の半径]を10mmに設定します❷。[選択]ツール で何もない箇所をクリックし❸、2つ目の長方形の選択を解除します。

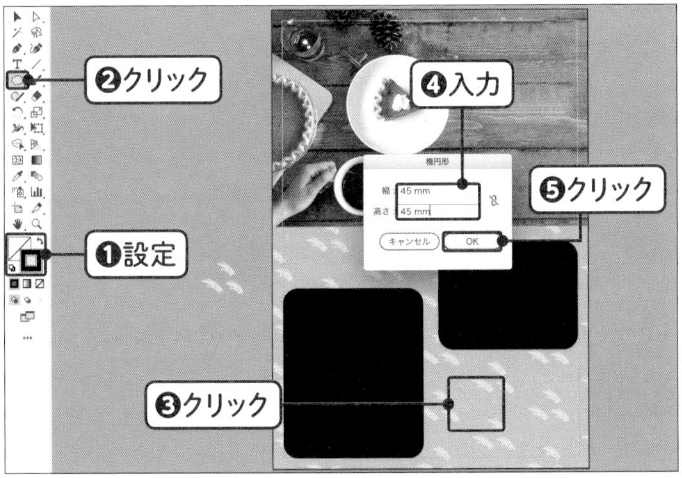

10 楕円形ツールで正円を1つ描く

最後に正円を描きます。[塗り]を「なし」、[線]を「K100%」に設定し❶、[楕円形]ツール をクリックして❷、アートボード上をクリックします❸。ダイアログボックスで幅と高さ両方に「45」と入力し❹、[OK]ボタンをクリックします❺。

11 枠の用意ができた

黒い線の正円が描かれました。図とだいたい同じになるように、[選択]ツール を使って正円をドラッグして位置を調整します❶。

MEMO

この正円は塗りがないオブジェクトなので、線の真上をクリックしないと選択できないことに注意しましょう。

Lesson 08

サブの写真を枠内に収まるように配置しよう

この節では、Photoshopで編集した写真データをIllustratorに配置して、あらかじめ描いておいた長方形でマスクする方法を学びます。

練習ファイル　0908a.ai
完成ファイル　0908b.ai

1 [ファイル] メニューから配置を選択する

[ファイル] メニュー→ [配置] の順にクリックします❶。

2 第6章で制作した写真を選択する

ファイル選択ダイアログボックスが表示されます。第6章で制作した写真をクリックし❶、[リンク] のチェックを外して❷、[配置] ボタンをクリックします❸。

MEMO

第6章と第8章で作成した写真データがない方は、練習ファイルの「Chap09」に「06-finished.psd」と「08-finished.psd」を用意してあります。

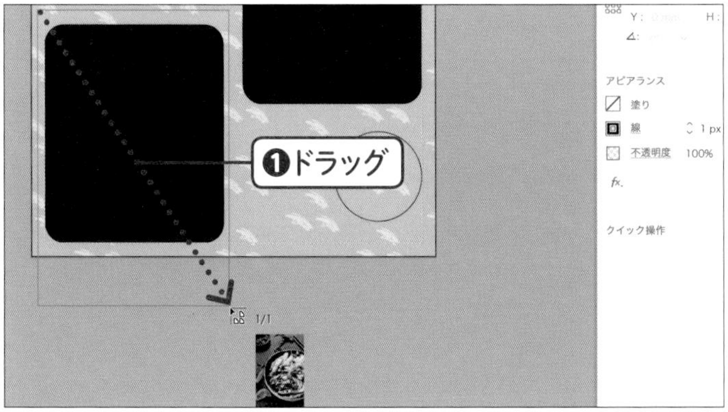

3 ドラッグして写真の配置サイズを決める

マウスカーソルの右下に、写真のサムネイルが表示された状態になりました。図を参考に、左側の黒い枠より一回り大きくドラッグします❶。

4 レイヤーパネルを開く

左の黒い枠をすべて隠すような大きさと位置で写真が配置されました。画面右側にある[レイヤー]パネルのアイコン をクリックして開き❶、さらに[レイヤー1]の左側にある > をクリックして開きます❷。

MEMO

写真の配置がうまくいかなかった場合は、command キー（Windowsの場合は Ctrl キー）を押しながら Z キーで一段階前の手順に戻り、やり直してみましょう。

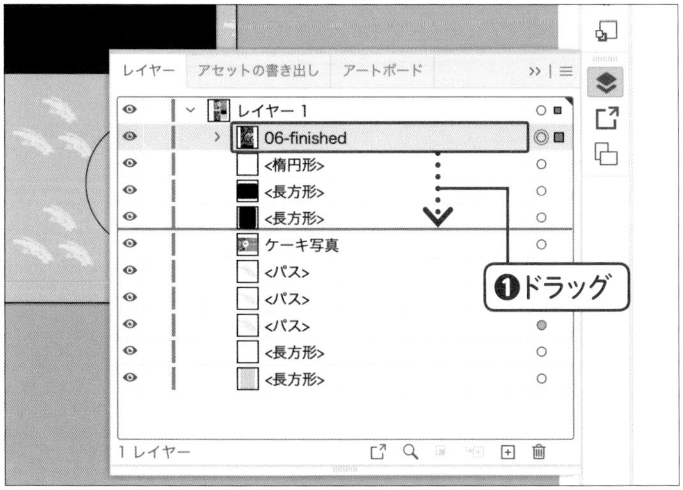

5 重ね順を変更する

[レイヤー1]に描画されているすべての内容が表示されました。配置した写真を、2つ並んだ<長方形>より下の位置に来るようにドラッグして移動します❶。

MEMO

レイヤーパネル内の上下位置は、アートボード上の前後関係と連携しています。

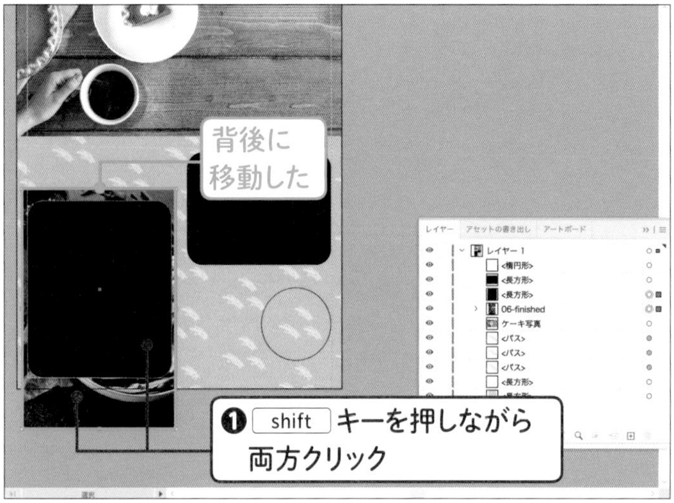

6 写真と枠を選択する

アートボード上で、黒い枠の背後に写真が移動しました。[選択]ツール で shift キーを押しながら、写真と枠を両方クリックして選択します❶。

MEMO

間違えて背景の長方形を選択しないように注意してください。

7 クリッピングマスクを作成する

写真と枠を同時に選択した状態のまま、[オブジェクト] メニュー→[クリッピングマスク] →[作成] の順にクリックします❶。

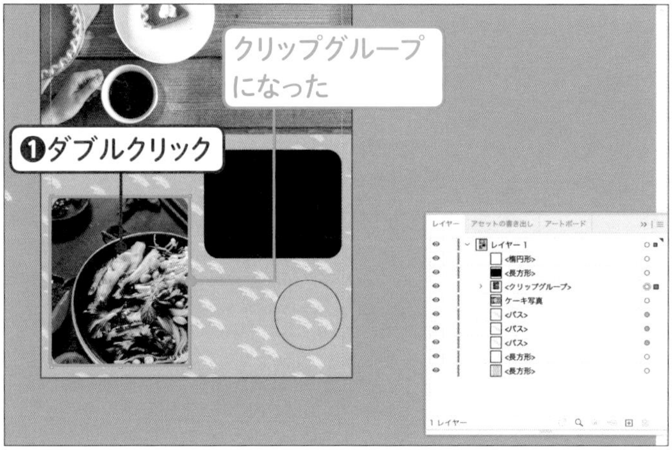

8 クリップグループの中に入る

写真が枠の形にマスクされました。写真だけ位置を移動するために、マスクされた写真（クリップグループ）をダブルクリックします❶。一時的にグループの内容を編集するモードに入ります。

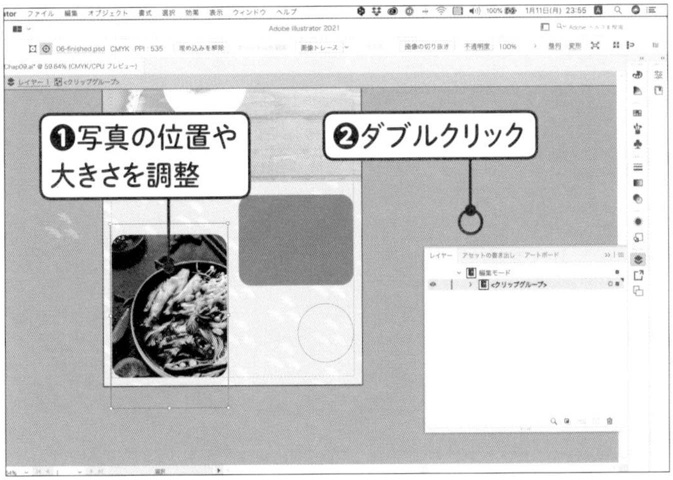

9 写真の位置を調整する

マスクされた写真以外の部分が半透明になり、クリップグループを編集するモードに入りました。図を参考に写真をドラッグして位置や大きさを調整し❶、何もない箇所をダブルクリックします❷。

10 2枚目の写真も同様に枠の中に入れる

クリップグループを編集するモードから抜け、1枚目の写真の調整が完了しました。同様に手順 1 ～ 7 を参考にしてクリッピングマスクを作成し❶、第8章で制作した少年の写真を右側の黒い枠でマスクさせます。

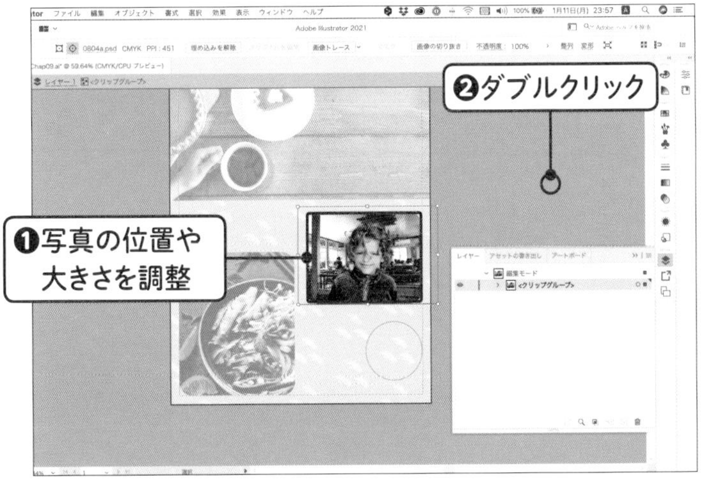

11 サブの写真が配置された

手順 8 ～ 9 を参考に、写真をダブルクリックしてからドラッグして位置や大きさを調整し❶、何もない箇所をダブルクリックします❷。以上で、サブ写真が2枚とも枠の中に配置されました。

Lesson 09

ロゴマークとイラストを配置しよう

練習ファイル　0909a.ai
完成ファイル　0909b.ai

ここでは、Illustratorで作成して［CCライブラリ］に登録しておいたロゴマークやイラストをレイアウトの中に配置する方法を学習しましょう。

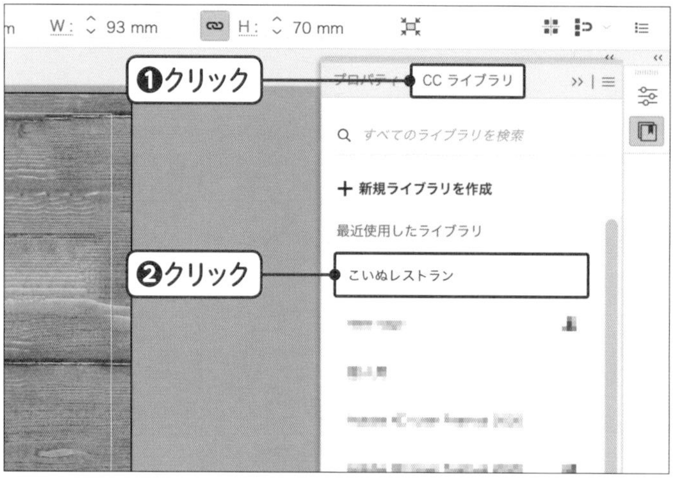

1 ［CCライブラリ］パネルを開く

画面右側にある［CCライブラリ］パネルのアイコン またはタブをクリックして開き❶、ドロップダウンメニューから「こいぬレストラン」を選択します❷。

2 「ロゴタイプ」をドラッグ&ドロップする

「こいぬレストラン」ライブラリに登録されたグラフィックが表示されました。第4章で制作した「こいぬれすとらん」と書かれたロゴタイプを、アートボード上にドラッグ&ドロップします❶。

3 ドラッグして大きさを決めて配置する

マウスカーソルの右下にサムネイルが表示された状態になりました。図を参考に、ケーキ皿の右上にロゴタイプが入るようにドラッグします❶。

4 「マーク」と「イラスト」も配置する

ロゴタイプが配置されました。同様の手順で、第5章で制作したフライパン型のマークと、第3章で制作したキャラクターのイラストを図のような位置にドラッグして配置します❶。

MEMO

配置したあとにサイズ変更をする方法はP.42を参考にしてください。

5 Illustratorで制作したパーツが配置された

Illustratorで作成した3つのパーツがそれぞれの場所に配置されました。

Lesson 10

テキストを配置しよう

ここでは、［文字］ツールを利用して、練習ファイルのテキストファイルから文字列をコピーして、Illustratorのドキュメント上に配置していきます。

練習ファイル　0910a.ai
完成ファイル　0910b.ai

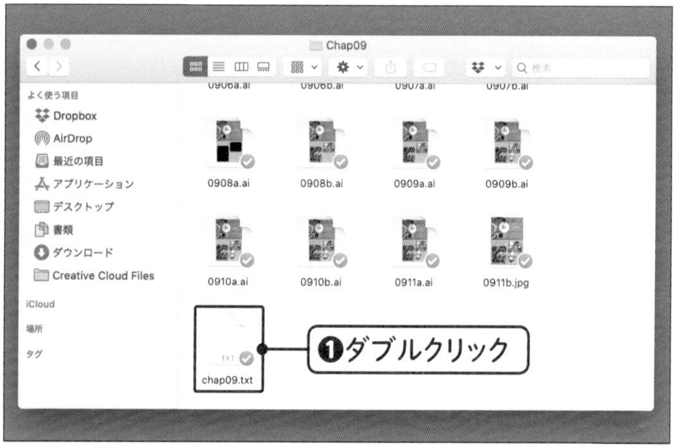

1 テキストエディタでテキストファイルを開く

練習ファイルのテキストファイルを利用します。［Chap09］フォルダに入っている「chap09.txt」をテキストエディット（Windowsの場合はメモ帳）などで開きます❶。

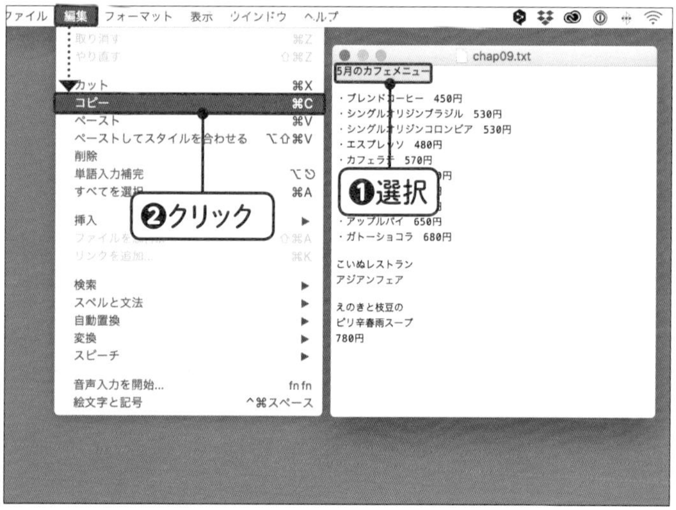

2 1つ目のテキストをコピーする

テキストファイルが開かれたら、1行目の「5月のカフェメニュー」という文字列を選択し❶、［編集］メニュー→［コピー］の順にクリックしてコピーします❷。

MEMO

使用しているソフトによってはコピーの操作が異なる場合があります。

3 Illustratorで文字ツールを選択してクリックする

Illustratorでツールパネルから[文字]ツール をクリックし❶、ロゴタイプの下あたりでクリックします❷。

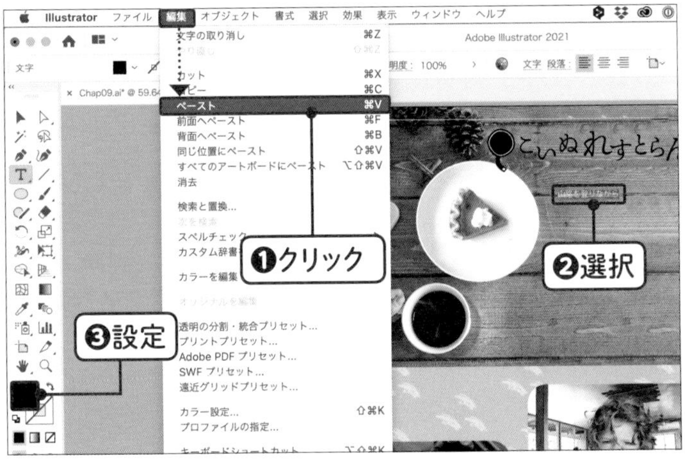

4 テキストをペーストして色を指定する

[編集]メニュー→[ペースト]の順にクリックすると❶、「5月のカフェメニュー」がペーストされます。[選択]ツール でテキストを選択し❷、[塗り]を「C0% M0% Y0% K0%」に設定します❸。

5 [プロパティ]パネルでフォントを指定する

テキストの色が白になりました。そのままテキストが選択された状態で[プロパティ]パネルのアイコン またはタブをクリックして開き❶、[文字]セクションを以下のように設定します❷。

フォント	貂明朝
フォントスタイル	Regular
文字サイズ	25pt
行送り	自動(43.75)

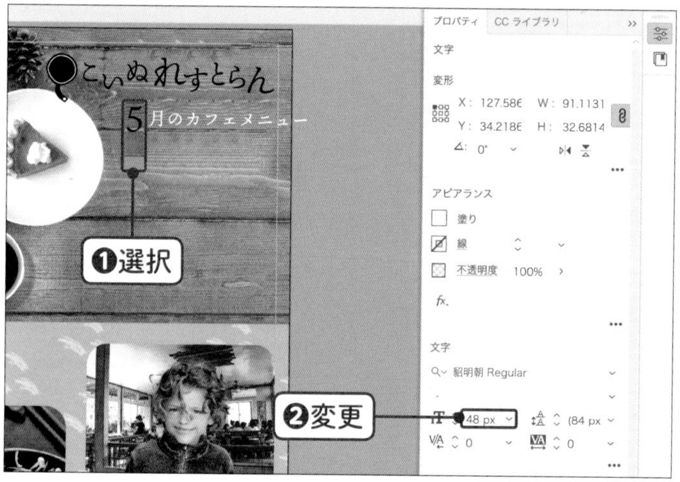

6 「5」の文字だけ大きくする

フォントが貂明朝になりました。[文字]ツール T で「5」の字だけをドラッグして選択して❶、[プロパティ]パネルでサイズを「48pt」に変更します❷。

MEMO

貂明朝のフォントがインストールされていない場合は、P.94を参考にインストールしてください。

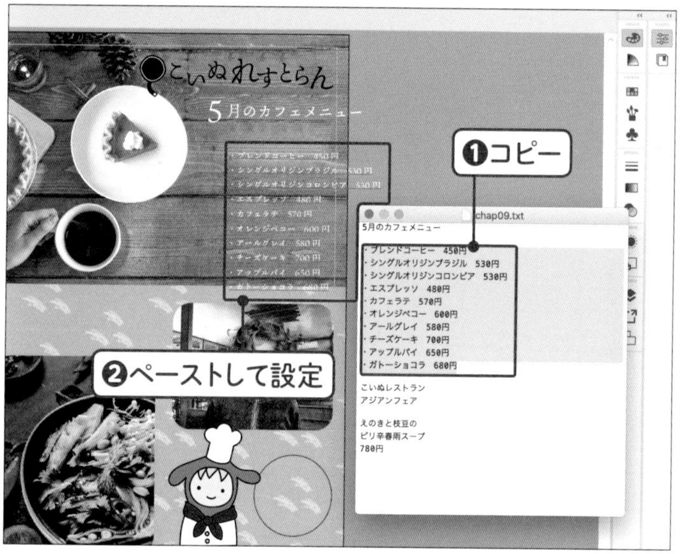

7 メニュー詳細をコピー＆ペーストして指定する

「5」の字が大きくなりました。テキストエディタで3～12行目のメニュー詳細をすべてコピーし❶、手順 3 ～ 4 と同様の操作で図のような位置にペーストして色を変更し、[プロパティ]パネルで以下のように指定します❷。

フォント	貂明朝
フォントスタイル	Regular
文字サイズ	14pt
行送り	23pt

8 位置を調整する

メニュー詳細のテキストが10行入りました。図を参考に[選択]ツール でバランスのよい場所にドラッグして移動します❶。

9 フェアのタイトルと料理名をコピー&ペーストして指定する

同様にして、フェアのタイトルと料理名を入力し、以下のように設定します❶。

入力内容	フェアのタイトル	料理名
フォント	貂明朝	貂明朝
フォントスタイル	Regular	Regular
文字サイズ	34pt	20pt
行送り	38pt	24pt
色	K100%	C0% M0% Y0% K0%

10 キャラクターの台詞をコピー&ペーストして指定する

同様にして、キャラクターの台詞を正円の中に入力し、以下のように設定します❶。

フォント	貂明朝
フォントスタイル	Regular
文字サイズ	12pt
行送り	18pt
色	K100%

11 必要なテキストのレイアウトができた

5つのテキストがレイアウトされ、こいぬレストランのメニューが完成しました。

Lesson 11

完成したメニューを画像ファイルで書き出そう

最後は、完成したメニューを画像ファイルとして書き出し、プリントアウトなどに利用できるようにします。

練習ファイル 0911a.ai
完成ファイル 0911b.jpg

1 ファイルメニューから書き出しを指定する

[ファイル] メニュー→[書き出し]→[スクリーン用に書き出し] の順にクリックします❶。

2 アイコンをクリックする

[スクリーン用に書き出し] ダイアログボックスが開きました。右側中央にある [書き出し先] の右側にあるアイコン をクリックします❶。

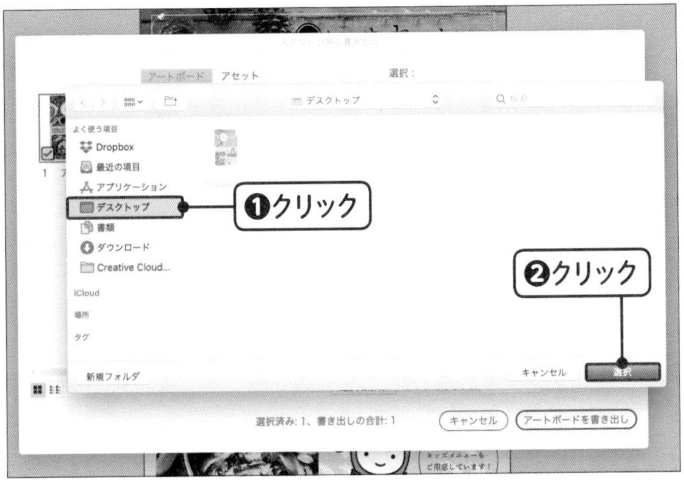

3 書き出し先を指定する

書き出し先を指定します。デスクトップをクリックし❶、右下の［選択］（Windowsでは［フォルダーの選択］）ボタンをクリックします❷。

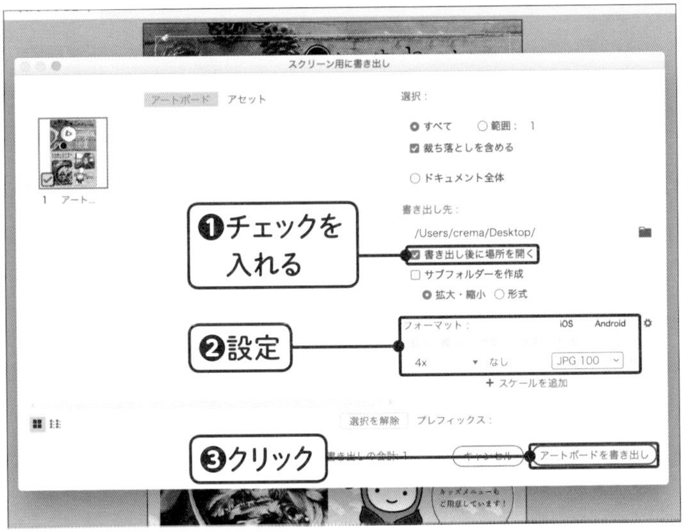

4 フォーマットを指定して書き出す

書き出し先が「Desktop」に指定されました。［書き出し後に場所を開く］にチェックを入れ❶、フォーマットを以下のように設定し❷、［アートボードを書き出し］ボタンをクリックします❸。

拡大・縮小	4x
サフィックス	なし（空白）
形式	JPG100（.jpgで画質が100%という意味）

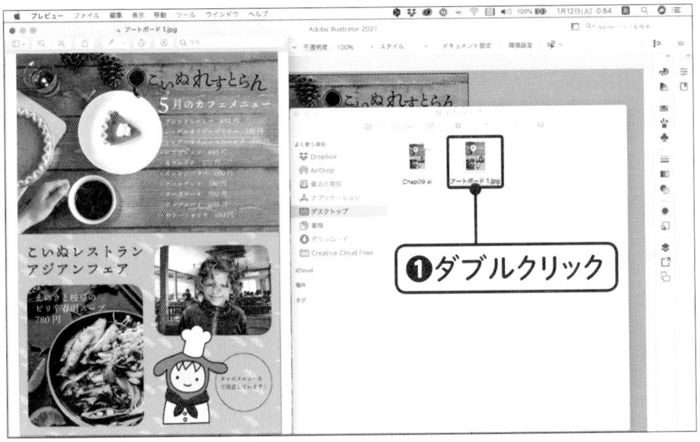

5 レストランのメニューが完成した

自動的にデスクトップがウィンドウとして表示され、「アートボード 1.jpg」という画像ファイルが書き出されました。これでメニューの画像が完成です。ファイルをダブルクリックすると❶、画像を確認することができます。

Index

記号・英字

.psd 136
Adobe Color 34, 76
Adobe Fonts 34, 94
Adobe Sensei 156
AI 機能 156
CMYK 33
Creative Cloud ライブラリ（CC ライブラリ） 34, 84, 150, 196
Photoshop 形式 136
RGB 32

あ行

アートボード 13
アウトライン 100
明るさ・コントラスト 126
アクティベート 95
アンカー／アンカーポイント 51
色 54
色の設定をリセット 108
鉛筆ツール 66
覆い焼きツール 148
オーバーレイ 172
オブジェクト選択ツール 144, 160
オプションバー 13

か行

解像度 33
ガイド 178
顔の編集 156
書き出し 202
隠れているツール 23
画面構成 12
画面の拡大／縮小 26
カラーテーマ 21
カラーピッカー 55
カラーモード 32
基準点 177
起動 14
境界線調整ブラシツール 163
クイック選択ツール 129
クラウドドキュメント 31
クリッピングマスク 194
クリップグループ 194
グループ 112
コピースタンプツール 142
コンテンツに応じる 140
コントロールパネル 13

さ行

シェイプ形成ツール 52
色相・彩度 125
下絵の配置 62
写真内の消去 120
写真内の人物の表情を変更 156
写真の一部を選択 128
写真の一部を別の場所にコピー 142
写真の色味修整 124
写真の合成 166
写真の選択範囲の明るさを修整 132
写真の選択範囲の自動作成 160
写真の選択範囲を保存 130
写真の縦横比率を入れ替え 140
写真の足りない背景を補完 140

写真の配置 …… 186
写真をマスク …… 192
自由変形 …… 146
終了 …… 15
初期状態に戻す …… 29
初期設定 …… 20
初期設定（クラシック） …… 20
初期設定の塗りと線 …… 108
新規ドキュメントの作成 …… 16
スウォッチパネル …… 77
ズームツール …… 26
ズームボックス …… 27
隙間オプション …… 80
図形の一部を消去 …… 50
図形の移動 …… 41
図形の色を変更 …… 54
図形の回転 …… 46
図形の拡大／縮小 …… 42
図形の型抜き …… 108
図形の合体 …… 52
図形のグループ化 …… 112
図形の整列 …… 104
図形の縦横を伸び縮み …… 43
図形の複製 …… 48
図形を自由な形に変形 …… 114
スポット修復ブラシツール …… 121
スマートオブジェクト …… 146
スマートポートレイト …… 157
正円 …… 38
正三角形 …… 44
線 …… 54
選択ツール …… 22
選択とマスク …… 162
線で囲まれた領域の塗りつぶし …… 78
線の太さを変更 …… 58
線パネル …… 58，68

た行

ダイレクト選択ツール …… 50
楕円 …… 40
楕円形ツール …… 23，38
多角形ツール …… 44
裁ち落とし …… 17
縦横比率を保ったまま拡大／縮小 …… 43
タブ …… 13
チャンネル …… 132
調整レイヤー …… 124，127，136
長方形ツール …… 23
長方形の四隅を角丸に変更 …… 109
ツールパネル …… 13，22
ツールパネルを 2 列に …… 22
テキストの配置 …… 198
手のひらツール …… 27
ドキュメントウィンドウ …… 13
取り消し …… 28
トレース …… 70

な行

なし …… 57，58
ニューラルフィルター …… 156
塗り …… 54

は行

配色テーマ …… 76
バウンディングボックス …… 42

パス 51
パスファインダー 111
パターンでの塗りつぶし 184
パターンの作成 182
パネル 13, 24
パネルのアイコン化 25
パネルの切り離し 25
パネルを元に戻す 29
パペットワープツール 114
はみ出した線の消去 82
ハンドル 43
ピクセル 33
被写体認識機能 161
ヒストグラム 134
非破壊編集 136
表示位置の移動 27
ファイルの保存 30
フォントのダウンロード 94
複雑な図形 41
ブラシサイズ 121
ブラシツール 180
ブラシの詳細を変更 121
ブラシの直径と硬さをかんたんに変更 123
プロパティパネル 92
方向 17

ま行

マスク 135
メニュー 13
文字タッチツール 98
文字のサイズ変更 92
文字の入力 90
文字のフォントを変更 94
文字を自由に移動 98
文字を図形に変換 100

や～わ行

やり直し 29
ライブコーナーウィジェット 109
ライブペイント選択ツール 82
ライブペイントツール 78
レイヤー 65
レイヤーの重ね順 193
レイヤーの合成 172
レイヤーのグループ化 150
レイヤーの塗りつぶし 168
レイヤーの表示切り替え 72, 127
レイヤーの複製 167
レイヤーパネル 64
レイヤーマスク 165
レベル補正 134
練習ファイル 10
ワークスペース 20

監修者　ロクナナワークショップ

67WS

Adobe AUTHORIZED Training Center

原宿・表参道にあるロクナナワークショップは、Web制作会社ロクナナが運営する大人のための「Web制作の学校」です。

これからWeb制作を始めたい方や、ITスキルを習得したい方にむけた研修もおこなっています。**オンライン研修**や、実際に会議室などに集まっての**企業研修**など、内容や習得したいスキルにあわせてプランニングします。

また、IT教育にこれから取り組む皆様に、教科書や副読本の選定などのコンサルティング業務もおこなっております。

いずれも、お気軽にお問い合わせください。（原宿教室での定期的な講座は休止中です）

＊受講のお申し込み・お問い合わせ

ロクナナワークショップ

ロクナナワークショップ
〒150-0001　東京都渋谷区神宮前 1-1-12 原宿ニュースカイハイツ204号室
E-mail : workshop@67.org
https://67.org/ws/

ロクナナワークショップはアドビ認定トレーニングセンター（AATC）です。

著者プロフィール

黒野明子（くろのあきこ）

デザイナー／講師／ Adobe Community Evangelist

1995年武蔵野美術大学短期大学部専攻科グラフィックデザインコース修了。ファッションカメラマン事務所、広告系デザイン事務所、ウェブ制作会社勤務を経て、2003年から2018年までフリーランスとして活動。ウェブサイトの企画・情報設計・UIデザイン・運用を中心に、書籍装丁や各種グラフィック作成なども行う。2019年より事業会社勤務のデザイナーとなり、アプリやWebサイト制作などに携わっている。

デザインの学《がっ》校《こう》
これからはじめる
Illustrator《イラストレーター》 &《アンド》 Photoshop《フォトショップ》の本《ほん》
［2021年《ねん》最《さい》新《しん》版《ばん》］

2021年5月22日　初版　第1刷発行

著者　黒野明子《くろのあきこ》
監修　ロクナナワークショップ
発行者　片岡　巌
発行所　株式会社技術評論社
東京都新宿区市谷左内町21-13
電話　03-3513-6150　販売促進部
03-3513-6160　書籍編集部
印刷／製本　大日本印刷株式会社

定価はカバーに表示してあります。

造本には細心の注意を払っておりますが、万一、乱丁（ページの乱れ）や落丁（ページの抜け）がございましたら、小社販売促進部までお送りください。送料小社負担にてお取り替えいたします。

ISBN978-4-297-12080-1 C3055
Printed in Japan

カバーデザイン……田邉恵里香
カバーイラスト……佐藤香苗
本文デザイン……星山諠彰（ライラック）
DTP……リンクアップ
編集……田中秀春
技術評論社ホームページ　https://book.gihyo.jp/116

問い合わせについて

本書の内容に関するご質問は、下記の宛先までFAXまたは書面にてお送りください。なお電話によるご質問、および本書に記載されている内容以外の事柄に関するご質問にはお答えできかねます。あらかじめご了承ください。

〒162-0846
新宿区市谷左内町21-13
株式会社技術評論社　書籍編集部
「デザインの学校 これからはじめる
Illustrator & Photoshopの本［2021年最新版］」
質問係

FAX番号　03-3513-6167

なお、ご質問の際に記載いただいた個人情報は、ご質問の返答以外の目的には使用いたしません。また、ご質問の返答後は速やかに破棄させていただきます。